AF245025

CONTEMPLATION

DE LA

NATURE.

PAR C. BONNET,

des Académies Impériales d'Allemagne & de Russie; des Académies Royales d'Angleterre, de Suède & de Lion; de l'Académie Electorale de Bavière & de celle de l'Institut de Bologne; Correspondant de l'Académie Royale des Sciences & des Sociétés Royales de Montpellier & de Gottingue.

TOME SECOND.

À AMSTERDAM,

Chez MARC-MICHEL REY,

MDCCLXIV.

TABLE
DES
CHAPITRES
CONTENUS DANS LE
SECOND TOME.

DIXIEME PARTIE.

PARALLELE DES PLANTES ET DES ANIMAUX.

ONZIEME PARTIE.

DE L'INDUSTRIE DES ANIMAUX.

DOUZIEME PARTIE.

SUITE DE L'INDUSTRIE DES ANIMAUX.

FAUTES A CORRIGER

dans ce second Volume.

Page 36. *ligne* 30. nulle ressemblance, *éfacez* nulle.
——— 38. *ligne* 2. médicore, *lisez* médiocre.
——— 47. *ligne* 19. distribuées, *lisez* distribuée.
——— 102. *ligne* 17. pur un autre, *lisez* par un autre.
——— 123. *ligne* 27. pendaut *lisez* pendant.
——— 131. *ligne* 19. cffets, *lisez* effets.
——— 160. *ligne dernière*, garnies, *lisez* sont garnies.

CONTEMPLATION

DE LA

NATURE.

DIXIEME PARTIE.

PARALLELE DES PLANTES ET DES ANIMAUX.

CHAPITRE I.

Introduction.

LORSQUE nous nous sommes occupés de la Progression graduelle des Etres & de l'Oeconomie organique, nous avons eu de fréquentes occasions de comparer les Végétaux & les Animaux. Rassemblons ici ces divers traits d'analogie épars çà & là: composons-en un tableau, où plus raprochés &

plus finis, ils fixent agréablement notre attention. Nous rechercherons ensuite s'il est quelque caractère qui distingue essentiellement le *Végétal* de l'*Animal*.

CHAPITRE II.

La Graîne.

UNE *Graîne* féconde est un Corps organisé, qui sous diverses Enveloppes, plus ou moins épaisses, & plus ou moins nombreuses, contient une Plante en raccourci.

Une substance blanchâtre, délicate & spongieuse remplit la capacité de la Graîne. De petits Vaisseaux qui partent du Germe, parcourent cette substance en se divisant & se sous-divisant sans cesse.

Mise en terre, humectée, & échauffée jusqu'à un certain point, la Graîne commence à *germer*. L'humidité qui a pénétré ses Enveloppes, dissout la substance spongieuse ou farineuse, & se mêle avec elle. Il se forme de ce mélange une espèce de Lait, qui, porté par les petits Vaisseaux à l'Embrion, lui fournit une nourriture proportionnée à son extrême délicatesse.

La *Radicule* commence ainsi à se développer. Elle grossit, & s'étend de jour en jour. Bientôt elle se trouve trop resserrée Elle fait effort pour sortir. Un petit trou, ménagé à la surface extérieure de la Graîne, facilite cette sortie. La Radicule s'enfonce en terre insensiblement, & y puise des nourritures plus fortes & plus abondantes.

La petite *Tige*, cachée jusques-là sous les Enveloppes de la Graine, se montre à son tour. Les tégumens s'ouvrent pour lui laisser un libre passage: Fortifiée par les nouveaux sucs qu'elle reçoit, elle perce la terre, & s'élève dans l'air.

CHAPITRE III.

L'Oeuf.

Un *Oeuf* fécond est un Corps organisé, qui sous diverses Enveloppes, plus ou moins fortes, & plus ou moins nombreuses, renferme un Animal en petit.

Une matière fluide, succulente & gélatineuse remplit la capacité de l'Oeuf. Des Vaisseaux infiniment déliés se ramifient dans cette matière, & aboutissent au Germe par différens Rameaux.

Echauffé d'une manière convenable, soit par la seule Nature, soit par le secours de l'Art, l'intérieur de l'Oeuf commence à s'animer. Excitée par une douce chaleur, la matière qui environne le Germe, s'insinue dans les petites Ramifications, d'où elle passe dans le Coeur, dont elle augmente le mouvement. L'Animal devient ainsi un Etre vivant. Il croît & se fortifie chaque jour par l'affluence de nouveaux sucs plus nourrissans & plus travaillés.

Enfin, lorsque ces sucs sont épuisés, l'Animal a pris tout l'accroissement qu'il pouvoit recevoir dans l'Oeuf. Il s'y trouve logé trop à l'étroit. Cet Oeuf est devenu pour lui une prison : il cherche à se mettre en liberté. La Nature lui en a facilité les moyens, soit en le munissant d'instrumens propres à percer, ou à déchirer les Enveloppes qui le renferment, soit en donnant à l'Oeuf une structure qui favorise ses efforts. L'Animal paroît au jour, & jouit d'une nouvelle vie.

CHAPITRE IV.

Le Bourgeon.

L A Graîne est donc à la Plante, ce que l'Oeuf est à l'Animal. Mais la Plante n'est pas seulement *ovipare* ; elle est aussi *vivipare* ; & ce que le *Foetus* est à l'*Animal*, le *Bourgeon* l'est au *Végétal*.

Caché sous l'Ecorce, le *Bourgeon* y prend ses premiers accroissemens. Il y est d'abord renfermé en petit dans des Enveloppes membraneuses, analogues à celles de la Graîne. Il tient à l'Ecorce par de menuës Fibres qui lui transmettent une nourriture appropriée à son état. Parvenu à une certaine grosseur, il perce l'Ecorce pour venir au jour. Il apporte en naissant les Enveloppes qui le renfermoient & dont il se défait bientôt. Cependant trop foible pour se passer des alimens que sa Mère lui fournit, il lui demeure encore attaché ; & ce n'est qu'au bout de quelque tems, qu'il peut en être séparé sans risque.

CHAPITRE V.

Le Foetus.

L O G E' dans la Matrice, le *Foetus* y prend ses premiers accroissemens. Il y est d'abord contenu en raccourci dans des Enveloppes membraneuses analogues à celles de l'Oeuf. Il jette dans la Matrice de petits Vaisseaux, qui y pompent la nourriture destinée à le faire croître. Parvenu à une certaine grandeur, il rompt ses Enveloppes & paroît au jour. Quelquefois ces Enveloppes l'accompagnent à sa sortie. Après être né, le petit Animal n'est pas toûjours en état de se passer du secours de sa Mère. Elle doit lui fournir encore une nourriture, dont il ne sçauroit être privé sans risque, qu'au bout d'un certain tems.

CHAPITRE VI.

La Nutrition de la Plante.

L A *Plante* se *nourrit* par *l'incorporation* des matières qu'elle reçoit du dehors; ces matières sont très-hétérogènes ou très-mélangées. Pompées par les *Pores des Racines*, ou par ceux des *Feuilles*, elles sont probablement conduites dans les *Utricules*, où elles fermentent & se digèrent. Elles passent de là dans les *Fibres ligneuses*, (*) qui les transmettent aux *Vases propres*, où elles paroissent sous la forme d'un suc plus ou moins coloré, & plus ou moins coulant. Les Ramifications des Vases propres les distribuent ensuite à toutes les Parties auxquelles elles s'unissent par de nouvelles filtrations.

Des Tuyaux faits d'une lame argentée, élasti-que, & tournée en spirale à la manière d'un ressort *à boudin*, accompagnent les *Vaisseaux séveux* dans leur cours. Destinés à la *Respiration*, ces Tuyaux introduisent dans la Plante un air frai & élastique,

(*) Voy. Partie III. Chap. 10.

qui prépare la *Sève*, la subtilise, la colore peut-être, & aide encore à son mouvement : le superflu des matières, ou la partie la moins propre à s'unir à la Plante, est portée à la surface des Feuilles, d'où elle s'échappe par une *transpiration* insensible, mais très-abondante. Des *Globules*, des *Vésicules* ou d'autres *Organes excrétoires*, distribués sur les jeunes Pousses, & sur les Feuilles, procurent l'évacuation des matières les plus grossières, ou les plus épaissies.

CHAPITRE VII.

La Nutrition de l'Animal.

L'ANIMAL se *nourrit* par l'*incorporation* des matières qui lui viennent du dehors. Ces matières sont très-hétérogènes. Reçuës par la *Bouche*, ou par d'autres Ouvertures analogues, elles sont conduites dans l'*Estomac* & les Intestins, où elles subissent différentes préparations : elles passent de là dans les *Veines lactées*, & leurs dépendances, ou dans d'autres Vaisseaux analogues, qui les transmettent aux *Vaisseaux sanguins*, où elles se montrent sous la forme d'un fluide plus ou moins coloré, ou plus ou moins coulant. Les Ramifications des Vaisseaux sanguins les distribuent ensuite à toutes les Parties, auxquelles elles s'incorporent par de nouvelles préparations.

Des Tuyaux composés d'anneaux cartilagineux, ou d'une lame argentée, & élastique, tournée en spirale, communiquent avec les Vaisseaux sanguins, ou les suivent dans leur cours. Appropriés à la *Respiration*, ils introduisent dans l'Animal un air frai & élaftique qui prépare le Sang, l'atténuë, le colore peut-être, & aide encore à fon mouvement. Le fuperflu des matières, ou la partie la moins propre à s'unir à l'Animal, eft portée à la furface de la *Peau*, d'où elle s'échappe par une *tranfpiration* infenfible, mais très-abondante. Des *Glandes*, ou d'autres *Organes émunétoires*, placés en différens endroits du Corps, procurent l'évacuation des matières les plus groffières, ou les plus épaiffies.

CHAPITRE VIII.

L'Accroiffement de la Plante.

LA *Plante croît* par *développement*, ou par l'extenfion graduelle de fes Parties en longueur & en largeur. Cette extenfion eft fuivie d'un certain dégré d'endurciffement dans les Fibres. Elle diminuë à mefure que l'endurciffement augmente. Elle ceffe lorsque les Fibres fe font endurcies au point de ne plus céder à la *force* qui tend à agrandir leurs mailles.

Les Plantes où l'endurciffement fe fait le plus tard, font celles qui croîffent le plus longtems. Les *Herbes* croiffent & s'endurciffent plus promptement que les *Arbres*. Parmi celles-là, il en eft dont l'accroiffement ceffe au bout de quelques femaines, ou même de quelques jours. Parmi ceux-ci, il en eft dont l'accroiffement ne ceffe qu'au bout d'un grand nombre d'années, ou même de plufieurs fiècles.

On obferve des différences analogues entre les Individus d'une même Efpèce : les uns s'endurcis-

fent plutôt , croiffent moins , ou reftent plus petits: les autres s'endurciffant plus tard , deviennent
plus grands.

Le Bourgeon n'offre rien de *ligneux*. *Herbacé*
dans toute fa fubftance , il ne devient ligneux que
par dégrés.   Sa *Tige* eft formée d'un nombre prodigieux de *Lames* concentriques les unes aux autres,
couchées fuivant fa longueur , & compofées de différens faifceaux de *Fibres*, formées elles-mêmes de
l'affemblage d'un très-grand nombre de *Fibrilles*.

Au centre de la Tige eft placée la *Moëlle* ; & les
espaces que les Lames laiffent entr'elles , font auffi
remplis par une *fubftance médullaire*.

De l'épaiffiffement des Lames réfulte l'accrois-
fement en largeur.   De l'allongement des Lames
réfulte l'accroiffement en longueur Toutes les Lames croiffent, & s'endurciffent les unes après les autres.   Chaque Lame croît & s'endurcit de même
fucceffivement dans toute fa longueur.   La partie
de chaque Lame qui croît & s'endurcit la première , eft celle qui compofe le *Colet* , ou la bafe de
la Tige.   La Lame qui croît & s'endurcit la première, eft la plus intérieure, ou celle qui environne immédiatement la Moëlle.   Cette Lame eft re-
couverte d'une féconde Lame, qui demeurant plus
ductile, ou plus herbacée, s'étend davantage.   Une
troifième Lame renferme celle-ci , qui s'endurcis-
fant encore plus tard, prend encore plus d'accroîs-
fement.   Il en eft de même d'une quatrième, d'u-
ne 5me. ou d'une 6me. Lame.   Toutes diminuant
ainfi d'épaiffeur, & s'inclinant vers l'*axe* de la Tige à mefure qu'elles approchent de fon extrêmité
fupérieure, forment autant de petits cônes infcripts

les uns dans les autres, d'où réfulte la figure conique de la Tige & des Branches.

De l'affemblage des petits cônes, qui fe font endurcis pendant la première année, fe forme un cône ligneux, qui détermine la cruë de cette année. Ce cône eft renfermé dans un autre cône herbacé, qui n'eft autre chofe que l'Ecorce, & qui fournira l'année fuivante un fecond cône ligneux &c. Le Bois une fois formé ne s'étend donc plus.

Ainfi dans les *Cicatrices*, dans les *Greffes*, dans les différentes efpèces de *Tumeurs*, l'Ecorce eft la feule partie de la Plante qui travaille. En s'étendant, en s'épaiffiffant, en fe tuméfiant, l'Ecorce recouvre infenfiblement le Bois, elle forme le *Bourlet*, & produit des excrefcences plus ou moins confidérables, fuivant qu'elle eft plus ou moins facile à diftendre, ou plus ou moins abreuvée de fucs.

CHAPITRE IX.

L'Accroiffement de l'Animal.

L'ANIMAL *croît* par *développement* ou par l'extenfion graduelle de fes Parties en tout fens. A cette extenfion fuccède un endurciffement dans les Fibres. L'extenfion diminue à mefure que l'endurciffement augmente. Elle ceffe lorfque l'endurciffement a été porté au point de ne plus permettre aux Fibres de ceder à la *Force* qui tend à agrandir leurs *mailles*.

Les Animaux où l'endurciffement fe fait le plus tard, font ceux qui croiffent le plus longtems. Les

Infectes croiffent & s'endurciffent plus promptement que les *grands Animaux*. Parmi ceux - là, il y en a dont l'accroiffement ceffe au bout de quelques femaines ou même de quelques jours. Parmi ceux-ci, il y en a dont l'accroiffement ne ceffe qu'au bout d'un grand nombre d'années, ou même de plufieurs fiècles.

On obferve des différences analogues dans l'accroiffement d'Individus d'une même Espèce : les uns s'endurciffant plus tard que les autres, acquièrent une taille plus avantageufe.

Le *Foetus* pris dans fon origine, n'offre rien *d'offeux*. *Membraneux* dans toute fa fubftance, il ne devient *offeux* que par dégrés. Ses Os font compofés d'un nombre prodigieux de *Lames*, enveloppées les unes dans les autres, couchées fuivant la longueur de l'Os, & formées de différens faisceaux de *Fibres*, compofées elles-mêmes de la réunion d'un très-grand nombre de *Fibrilles*.

Au centre de l'Os eft placée la *Moëlle*. Les espaces que les Lames laiffent entr'elles, font occupés par une *fubftance médullaire*.

De l'épaiffiffement des Lames réfulte l'accroiffement en largeur. Du prolongement des Lames réfulte l'accroiffement en longueur. Toutes ces Lames croiffent, & s'endurciffent les unes après les autres. Chaque Lame croît, & s'endurcit de même fucceffivement dans toute fa longueur. La partie de chaque Lame qui croît & s'endurcit la première, eft celle qui compofe le milieu ou le *Corps* de l'Os. La Lame qui croît & s'endurcit la première, eft la plus intérieure, ou celle qui environne

immédiatement la Moëlle. Cette Lame eft recou-
verte d'une feconde Lame, qui demeurant plus ductile ou plus membraneufe, s'étend davantage. Une
troifième Lame renferme celle-ci, qui s'endurciffant encore plus tard, prend encore plus d'accroiffement. Il en eft de même d'une 4ᵐᵉ. d'une 5ᵐᵉ.
ou d'une 6ᵐᵉ. Toutes diminuant ainfi d'épaiffeur,
& s'écartant de l'*axe* de l'Os, à mefure qu'elles approchent de fes extrêmités, forment autant de petites *colonnes* renfermées les unes dans les autres,
& qui augmentent de diamètre à leurs extrêmités.
De là, la figure propre aux *Os longs*.

De l'affemblage des Lames qui fe font endurcies
pendant la première année, réfulte la cruë de l'Os
pour cette année. Cet Os demeure recouvert d'un
grand nombre de Lames *membraneufes* ou *tendineufes*, qui portent le nom de *Périofte*, & qui en s'é-
tendant, & en s'endurciffant peu à peu, augmente-
ront l'Os en tout fens. L'Os une fois formé ne
s'étend donc plus.

Ainfi dans les *Fractures*, dans les *Anchylofes*, &
dans les différentes efpèces d'Excreffences, foit naturelles foit accidentelles, le Périofte eft la feule
partie de l'Os qui travaille. En s'étendant, en s'é-
paiffiffant, en fe tuméfiant, le Périofte recouvre
l'Os infenfiblement, il produit le *Cal*, & forme des
Tumeurs plus ou moins confidérables, fuivant qu'il
a plus ou moins de facilité à s'étendre, ou qu'il eft
plus ou moins abreuvé de fucs, ou de fucs plus ou
moins vifqueux.

CHAPITRE X.

La Fécondation de la Plante.

L A *Pouffière des Etamines* est le principe qui *fé-conde* la Graine. Le *Pistille* est le lieu où s'opère cette fécondation.

Renfermée dans des espèces de *Véficules*, la *Poussière fécondante* y paroît au Miscroscope, fous l'aspect d'un amas de petits Corps réguliers, ordinairement de figure fphérique ou ellyptique, qui, humectés, s'ouvrent & laiffent échapper une légère vapeur, dans laquelle nage une grande quantité de Grains d'une petiteffe extrême, qui paroiffent fe mouvoir de coté & d'autre. Les Pouffières elles-mêmes, mifes dans une goutte d'eau, s'y meuvent en divers fens, avec beaucoup de rapidité.

Trois Parties principales compofent le *Pistille*; la *Bafe*, les *Conduits*, ou *Trompes*, & le *Sommet*. La *Bafe* contient une ou plufieurs cavités où la Graine est logée. Les *Trompes* font des tuyaux côniques, ou des espèces d'entonnoirs fort allongés, dont la Bafe ou l'ouverture est tournée vers le *Sommet*. Celui-ci, est ordinairement garni de plufieurs *Mamelons*, percés chacun d'un *trou*, dont le diamètre répond à celui d'un Globule de la Pouffière.

Descendus dans les Trompes, les Globules y font preffés de plus en plus par le retréciffement de ces conduits. Il y font humectés par un fuc qui en enduit les parois. Ils s'ouvrent & dardent la *Vapeur séminale*, qui pénètre ainsi jusqu'à la Graîne, & en procure la fécondation.

Plusieurs Espèces de Plantes ont de deux sortes d'Individus ; des Individus qui ne portent que les *Etamines*, & ce sont des Individus *Mâles* : & des Individus qui n'ont que le *Pistille*, & ce sont des Individus *Femelles*.

Dans un grand nombre d'autres Espèces, chaque Individu est un véritable *Hermaphrodite* qui réunit les deux *Sexes*, les *Etamines* & le *Pistille*. Tantôt cette réunion se fait sur la même *Fleur* ; ensorte que les Etamines y environnent le *Pistille*. Tantôt cette réunion n'a lieu que sur la même *Branche* ; ensorte que les *Etamines* s'y trouvent placées sur un endroit, & le *Pistille* sur un autre.

Enfin, il est des Plantes dans lesquelles on soupçonné qu'il ne s'opère aucune fécondation, du moins extérieure ou apparente, & dont tous les Individus portent des semences fécondes elles-mêmes..

CHAPITRE XI.

La Fécondation de l'Animal.

LA *Liqueur séminale* est le principe qui *féconde* l'Oeuf. La *Matrice* ou les *Ovaires* sont le lieu où se fait cette Fécondation.

Renfermée dans les *Vésicules séminales*, la Liqueur fécondante y paroît au Miscroscope un amas de petits Corps réguliers, de figure plus ou moins allongée, qui semblent se diviser en un grand nombre de Globules d'une petitesse extrême, & qui se meuvent en différens sens. Quelquefois ces petits Corps sont des espèces d'Etuis à ressorts, qui étant humectés, s'ouvrent, & dardent au dehors une matière limpide, dans laquelle nage une grande quantité de très-petits Globules.

Trois Parties principales constituent la *Matrice*, ou ses Dépendances; le *Fond*, les *Trompes* & les *Ovaires*. Le *Fond* renferme une ou plusieurs *cavités* dans lesquelles les *Embrions* sont nourris, & se développent: il a un *Orifice* à sa partie antérieure. Les *Trompes* sont des tuyaux côniques, ou des espèces d'Entonnoirs très-allongés, dont l'ouverture se dirige vers les *Ovaires* & y aboutit. Les *Ovaires* sont des amas de *Vésicules* qui sont de véritables *Oeufs*.

Parvenuë par les Trompes, jusques aux Ovaires, la partie la plus subtile de la Liqueur séminale y féconde un ou plusieurs Oeufs. Ceux-ci descendent alors, par les Trompes, dans la Matrice, où ils se fixent, & se développent.

Chez les Femelles *ovipares*, les Oeufs sont contenus dans des espèces de Boyaux, ou *d'Intestins*, dans lesquels ils prennent leur accroissement: la Liqueur séminale disposée dans une ou plusieurs cavités, les féconde.

La plûpart des Espèces d'Animaux ont de deux sortes d'Individus; des Individus *Mâles*, & des Individus *Femelles*. Mais il est d'autres Espèces dont chaque Individu est un véritable *Hermaphrodite*, qui réünit les deux *Sexes*, quoi qu'il ne puiſſe ſe féconder lui - même.

Dans quelques Espèces, où la diſtinction de Sexes s'obſerve, il ne ſe fait aucun accouplement proprement dit : le *Mâle* ne fait que répandre ſa Liqueur ſur les Oeufs que la Femelle a dépoſés.

Enfin, il eſt des Espèces qui ſe propagent ſans aucune Fécondation apparente ou extérieure.

CHAPITRE XII.

La Multiplication de la Plante.

L a *Plante* ne *multiplie* pas ſeulement de *Graîne* & de *Bourgeons* ; elle ſe propage encore *par Rejettons.* Elle peut auſſi ſe multiplier de *Boutûre*, & par les ſecours de la *Greffe.*

Un Arbre pouſſe de différens endroits de ſa ſurface, de petits *Boûtons.* Ces Boûtons groſſiſſent ; ils s'ouvrent & laiſſent paroître le *Rejetton* qui s'étend chaque jour. Pendant qu'il ſe développe, il pouſſe lui - même d'autres Rejettons plus petits. Ceux-ci en pouſſent à leur tour de plus petits encore. Tous ces Rejettons ſont autant d'Arbres en raccourci, & la nourriture que prend un de ces Rejettons, ſe communique à toute la Plante.

Parvenus à une certaine grandeur, & ſéparés alors du Tronc ou de la Tige principale, ſoit par la Nature, ſoit autrement, ces Rejettons ſe ſoutiendront par eux - mêmes, & deviendront ainſi autant d'Arbres individuels.

Coupés par morceaux, selon leur largeur, ou même selon leur longueur, ces Rejettons renaîtront d'eux-mêmes & deviendront autant d'Arbres qu'on aura fait de morceaux. Les *Feuilles* elles-mêmes séparées de leurs Rejettons, pourront donner autant de Plantes complettes.

Collés fortement les uns aux autres, ou *insérés* les uns dans les autres, plusieurs Rejettons soit du même Individu, soit d'Individus différens, s'uniront d'une manière si intime, qu'ils se nourriront réciproquement, & qu'ils ne formeront ainsi qu'un même Tout individuel.

CHAPITRE XIII.

La Multiplication de l'Animal.

L'ANIMAL ne se *propage* pas seulement par des *Oeufs* & par des *Petits vivans* ; il se multiplie encore par *Rejettons*. Il peut aussi être multiplié de *Bouture*, & par le moyen de la *Greffe*..

Un *Polype* pousse de différens endroits de son Corps de petits *Boutons*. Ces Boutons grossissent, & s'allongent insensiblement. Chacun d'eux est un *Rejetton*. Pendant qu'il se développe, il pousse lui-même d'autres Rejettons plus petits. Ceux-ci en poussent à leur tour de plus petits encore. Tous ces Rejettons sont autant de petits *Polypes*, & la nourriture que prend un de ces *Polypes* se communique à tout l'assemblage.

Parvenus à une certaine grandeur, ils se séparent du Tronc, ou de la Tige principale, & deviennent ainsi de nouveaux Individus.

Coupés

Coupés par morceaux, transversalement ou même longitudinalement, les *Polypes* renaissent de leurs débris, & deviennent autant de *Polypes* complets, que la section a donné de morceaux. Il n'est pas jusqu'à la *Peau* & jusqu'au moindre de ses fragmens, qui ne puissent donner un ou plusieurs *Polypes*.

Mises bout à bout, ou appliquées les unes aux autres, les portions d'un même *Polype*, ou celles de différens *Polypes*, s'unissent d'une façon si intime, qu'elles se nourrissent réciproquement, & parviennent ainsi à ne former qu'un même tout individuel.

CHAPITRE XIV.

Irrégularités dans la Génération de la Plante.

La *Génération* des *Végétaux*, n'a pas une régularité constante : les loix suivant lesquelles elle s'opère, sont quelquefois troublées, ou modifiées par divers accidens. De là naissent différentes espèces de *Monstres* & de *Mulets*.

Tantôt ce sont des *Feuilles composées*, dont les *Folioles* sont plus ou moins nombreuses, ou façonnées moins régulièrement, ou distribuées d'une manière moins symétrique qu'elles ne le sont à l'ordinaire.

Tantôt ce sont des *Fleurs*, qui n'ont ni *Etamines* ni *Pistille*, & dont les *Pétales* fort multipliés paroissent avoir absorbé ces parties si essentielles.

TOME II. B

Tantôt ce font deux *Fruits* collés l'un à l'autre par une Greffe naturelle, ou renfermés l'un dans l'autre.

Tantôt ce font des *Fleurs* ou des *Fruits* dont la forme s'éloigne beaucoup de celle qui eſt propre à l'Eſpèce &c.

Enfin, ce font des Productions qui n'appartiennent proprement à aucune Eſpèce, parce qu'elles tirent leur origine de Graînes qui ont été fécondées par des *Pouſſières* d'Eſpèce différente.

CHAPITRE XV.

Irrégularités dans la Génération de l'Animal.

LA *Génération* des *Animaux* n'eſt pas toujours régulière : les loix dont elle dépend, font quelquefois troublées ou modifiées par diverſes circonstances.   De là différentes espèces de *Monſtres* & de *Mulets*.

Tantôt ce font des *Mains* ou des *Pieds*, dont les *Doigts* font plus ou moins nombreux, ou figurés d'une manière moins régulière, ou arrangés différemment qu'à l'ordinaire.

Tantôt ce font des *Foetus* dans lesquels les *Parties* de la *Génération* font oblitérées.

Tantôt ce font deux *Oeufs*, ou deux *Foetus* collés l'un à l'autre par une Greffe naturelle, ou contenus l'un dans l'autre.

Tantôt ce font des *Oeufs* ou des *Foetus* dont la forme s'éloigne beaucoup de celle qui eft propre à l'Espèce &c.

Enfin ce font des Productions qui participent de deux Espèces, parce qu'elles proviennent de Femelles fécondées par des Mâles d'Espèce différente.

CHAPITRE XVI.

Maladies de la Plante.

LEs loix de la Nutrition & de l'Accroiffement des Végétaux, éprouvent encore de plus grands dérangemens, ou des modifications plus fréquentes & plus variées, que celles de la Génération. De là dérivent différentes espèces de *Maladies* auxquelles la *Plante* eft fujette.

Entre ces Maladies, les unes n'attaquent que les Feuilles, & y font naître des *Taches* de différentes couleurs, des *Rugofités*, des *Puftules*, des *Galles* &c.

D'autres attaquent les principaux Vifcères, & y occafionnent des *Engorgemens*, des *Obftructions*, des *Dépots*, des *Tumeurs*, des *Chancres*, des *Epanchemens*, &c.

D'autres ont leur fiége dans les *Fleurs* ou dans les *Fruits*.

D'autres n'affectent que le Corps *ligneux* qu'elles font tomber en pourriture, tandis que l'*Ecorce* demeure faine.

D'autres proviennent de petites Plantes ou de divers Insectes, qui placés sur l'extérieur, ou dans l'intérieur des Végétaux, en détournent la nourriture à leur profit, ou en altèrent l'organisation.

D'autres tirent leur origine du changement de climat, d'alimens, de culture &c.

CHAPITRE XVII.

Maladies de l'Animal.

Les loix de la Nutrition & de l'Accroissement des Animaux, sont troublées ou modifiées plus fréquemment & plus diversement encore que celles de la Génération. De là procèdent les différentes espèces de *Maladies* auxquelles *l'Animal* est exposé.

Entre ces Maladies, les unes n'attaquent que la *Peau*, & y produisent des Taches de diverses couleurs, des *Rugosités*, des *Pustules*, des *Boutons* &c.

D'autres attaquent les principaux Viscères & y occasionnent des *Engorgemens*, des *Obstructions*, des *Dépots*, des *Tumeurs*, des *Abcès*, des *Epanchemens* &c.

D'autres ont leur siége dans les *Organes de la Génération*.

D'autres n'affectent que les *Os*, & en produisent la *Carie*, pendant que le *Périoste* se conserve sain.

D'autres ont leur source dans différentes Espèces d'Insectes, qui, logés sur l'extérieur ou dans l'intérieur des Animaux, en détournent la nourriture à leur avantage, ou en altèrent la constitution.

D'autres font occasionnées par le changement de climat, de nourriture, d'éducation &c.

CHAPITRE XVIII.

La Vieillesse & la Mort de la Plante.

Enfin la *Plante*, échappée aux différentes Maladies qui menaçoient ses jours, n'échappe point à la lente *Vieillesse* & à la *Mort* inévitable qui la suit.

Endurcis par succession de tems, les Vaisseaux perdent de leur jeu & s'obstruent. Les Liqueurs ne s'y meuvent plus avec la même facilité, elles ne font plus filtrées & repompées avec la même précision. Elles croupissent & se corrompent, & cette corruption se communiquant bientôt aux Vaisseaux qui les renferment, les fonctions vitales cessent de s'opèrer, la Plante meurt & se reduit en poussière.

CHAPITRE XIX.

La Vieillesse & la Mort de l'Animal.

Enfin l'*Animal*, préservé des Maladies qui conspiroient contre lui, ne sçauroit se dérober à la triste *Vieillesse*, & à la *Mort* inexorable qu'elle traine à sa suite.

Endurcis par le tems, les Vaisseaux perdent de leur action & s'obstruent. Les Liqueurs n'y circulent plus avec la même viteſſe : elles ne ſont plus filtrées & repompées que très-imparfaitement. Elles ſéjournent & s'altèrent, & cette altération ſe communiquant bientôt aux Vaiſſeaux qui les contiennent, la circulation ceſſe, l'Animal meurt & ſe reduit en poudre.

CHAPITRE XX.

Autres Sources d'Analogie entre la Plante & l'Animal.

Nous avons pouſſé le parallèle de la Plante & de l'Animal depuis la Naiſſance jusqu'à la Mort. Les traits qui le compoſent établiſſent avec beaucoup d'évidence, la grande Analogie qui règne entre ces deux Claſſes de Corps organiſés.

Mais il eſt d'autres Sources de comparaiſons, où nous avons évité de puiſer pour ne pas rendre le tableau confus, ou que nous n'avons enviſagées que ſous certains points de vuë. Telles ſont celles que nous offrent le *Lieu*, le *Nombre*, la *Fécondité*, la *Grandeur*, la *Forme*, la *Structure*, la *Circulation des Liqueurs*, la *Faculté loco-motive*, le *Sentiment*, la *Nutrition*.

Parcourons ces différentes Sources, & ſans chercher à les épuiſer, contentons-nous d'indiquer ce qu'elles renferment de plus remarquable ou de plus caractériſtique.

CHAPITRE XXI.

Le Lieu.

LES Végétaux & les Animaux habitent le même séjour. Destinés à peupler & à embellir notre Globe, ils ont été répandus sur toute sa surface, & placés les uns auprès des autres pour s'aider réciproquement. Tels que deux grands Arbres qui ont crû dans le même terrein, le Règne végétal & le Règne animal entrelaffent leurs branches les unes dans les autres, & étendent leurs rameaux & leurs racines jusqu'aux extrêmités du Monde.

Les dehors & l'intérieur de la Terre, les Montagnes & les Vallées, les Lieux arides & les Lieux fertiles, les Païs découverts & les Païs ombrés, les Régions du Nord & celles du Midi, les Ruisseaux, les Rivières, les Etangs, les Lacs, les Mers ont leurs Végétaux & leurs Animaux. La *Truffe* & le *Ver de Terre*, l'*Erable* & le *Chamois*, le *Bouleau* & le *Lièvre*, le *Genseng* & l'*Hermine*, le *Palmier* & le *Singe*, la *Conferve* & la *Sangfuë*, le *Nénuphar* & la *Teigne aquatique*, l'*Algue* & la *Moruë* fe trouvent dans les mêmes lieux, ou habitent le même élément.

Quantité d'Espèces de Plantes & d'Animaux paroiffent s'accommoder également de différens climats. Le *Maronnier* & le *Coq-d'Indes* transportés dans nos contrées, semblent y avoir oublié leur païs natal.

D'autres Espèces sont *amphibies*, & vivent naturellement dans l'eau & hors de l'eau. Le *Jonc* & la *Grenouille* habitent les prairies & le fond des étangs.

D'autres sont *Parasites*, & se nourrissent des sucs qu'elles puisent sur d'autres Espèces. Tels sont le *Guy* & le *Poû*.

Enfin quelques Espèces *Parasites* servent à leur tour aux besoins de Parasites différens. Le *Guy* a ses *Lychens*, certains Poûx ont leurs *Poûx*.

CHAPITRE XXII.

Le Nombre.

ON connoît plus de vingt mille Espèces de Plantes, & chaque jour on en découvre de nouvelles. Une Botanique microscopique a étendu le domaine de l'ancienne Botanique. Les *Mousses*, les *Champignons*, les *Lychens*, dont les Familles ne finissent point, sont venus prendre leur place parmi les Végétaux, & offrir aux Curieux des Fleurs & des Graînes qu'ils avoient ignorées ou méconnues.

Le Microscope nous montre aujourd'hui des Plantes, où l'on n'en eût jamais soupçonné. La Pierre de taille se couvre souvent de taches de diverses couleurs, ordinairement brunes ou noirâtres. Le Verre, malgré son extrême poli, n'est pas exempt de taches analogues. On observe des *Moisissures* sur presque tous les Corps. Ces taches, ces Moififfures font devenuës des jardins, des prairies, des forêts en mignature, dont les Plantes, infiniment petites, laiffent pourtant entrevoir leurs Fleurs & leurs Semences.

Cependant, quoique très - nombreux en Espèces, les Végétaux le font beaucoup moins que les Animaux. Non feulement chaque Espèce de Plante a fon Espèce particulière d'Animal ; mais il eft un très - grand nombre d'Espèces de Plantes qui nourriffent plufieurs Espèces d'Animaux. Le Chêne feul en nourrit plus de deux cents Espèces. Les unes attaquent les *Racines* de cet Arbre, elles les creufent ou y produifent différentes *tubérofités.* D'autres fe logent dans le *Tronc*, & y pratiquent des routes tortueufes. D'autres s'infinuent entre *l'Ecorce* & le *Bois.* D'autres fe fixent fur les *Parties extérieures* dont elles *pompent* le fuc. D'autres rongent fimplement les *Feuilles.* D'autres les *plient* ou les *roulent* artiftement. D'autres y font naître des *Galles* dont la groffeur, la couleur, la forme & la ftructure exercent la fagacité du Naturalifte. D'autres trouvent dans le *Fruit* leur logement & leur nourriture. Que dis - je ! cueillez une Fleur au hazard, une *Marguerite*, un *Coquelicot*, une *Rofe* ; vous y obferverez un peuple d'Infectes, dont les figures & les mouvemens fixeront quelque tems votre attention.

Enfin, où ne voit - on point d'Animaux ? La NATURE les a femés par - tout à pleines mains. Ils étoient fes plus belles productions ; ELLE les a prodiguées. ELLE a renfermé les Animaux dans les Animaux. ELLE a voulu qu'un Animal fut un Monde pour d'autres Animaux, & que ceux - ci y trouvaffent dequoi fournir à tous leurs befoins. L'Air, les Liqueurs végétales & les Liqueurs animales, les Matières corrompuës, les Bouës, les Fumiers, les Bois fecs, les Coquillages, les Pierres même, tout eft animé, tout fourmille d'Habitans. Que dirai-je encore ; la Mer elle-même paroît quelquefois n'être qu'un compofé d'Animaux. La lumière dont elle brille la nuit, pendant les chaleurs, eft produite par un nombre infini de très-petits *Vers-luifans*, d'un jaune brun, d'une fubftance molle, affez femblables à des Chenilles, & dont toutes les Parties divifées, & même corrompuës, brillent du même éclat que le Ver entier & vivant. Des Efpèces de *Puces* de *Mer* font auffi lumineufes & communiquent leur éclat aux Eaux. Il fort de leur intérieur une matière globulaire, qui eft encore phosphorique.

Les *Herbes* font plus nombreufes en Efpèces & en Individus que les *Arbriffeaux* & les *Arbres*. Les *Infectes* font plus nombreux en Efpèces & en Individus que les *Oifeaux* & les *Quadrupèdes*. Il y a plus de *Renoncules* que de *Rofiers*, plus de *Gramens* que de *Chênes*. Il y a plus de *Papillons* que de *Poules*, plus de *Pucerons* que de *Chiens*.

CHAPITRE XXIII.

La Fécondité.

LA magnificence de la Création terreftre ne brille nulle part avec plus d'éclat, que dans la prodigieufe Fécondité d'un grand nombre d'Efpèces de Plantes & d'Animaux. Un feul Individu peut donner naiffance à des milliers ou même à des millions d'Individus semblables à lui. Formé sur des proportions, qui ne sont connuës que de la SAGESSE ADORABLE qui les a établies, ce grand Peuple est d'abord renfermé dans l'étroite capacité d'une Ecorce ou d'un Ovaire. C'est dans ce séjour d'obscurité qu'il reçoit sa première vie, qu'il prend ses premiers accroissemens, & qu'il se dispose à paroître sur le vaste théatre du Monde visible.

A considérer les choses d'un point de vuë général, les *Végétaux* sont plus féconds que les *Animaux*. On s'en convaincra surtout, si l'on compare les *Arbres* aux *Quadrupèdes*.

Les *Arbres* produisent toutes les années, quelquefois pendant plusieurs siècles, & leurs productions sont toujours très-nombreuses. Les grands *Quadrupèdes* tels que *l'Eléphant*, la *Jument*, la *Biche*, la *Vache* &c. ne font guères qu'un Petit à la fois, rarement deux, & le nombre de leurs portées est toujours très-médicore. Les petits *Quadrupèdes* tels que le *Chien*, le *Lapin*, le *Chat*, le *Rat* &c. font beaucoup plus féconds, mais leur fécondité n'est presque rien, comparée à celle des *Plantes ligneuses*. *L'Orme* produit chaque année plus de 300 mille Graînes, & cette étonnante multiplication peut continuer pendant plus d'un siècle.

Les *Poissons* & les *Insectes* se rapprochent beaucoup des Végétaux par leur Fécondité. Une *Tanche* pond environ 10 mille Oeufs; une *Carpe* en pond 20 mille; un *Merlus* en pond un million. Une *Galle-Insecte* fait quatre à cinq mille Oeufs, une *Mère Abeille* quarante cinq à cinquante mille.

A` cette merveilleuſe Fécondité, oppoſez celle du *Cocquelicot*, de la *Moutarde*, de la *Fougère* &c., & n'oubliez pas de remarquer que la plûpart des Végétaux ſe propagent par pluſieurs voyes; au lieu que le plus grand nombre des Animaux ne ſe propage que par une ſeule.

Un *Arbre* peut être décompoſé en autant d'Arbres qu'il a de Branches, de Rameaux ou même de Feuilles. Les Plantes deſtinées principalement à fournir aux beſoins des Animaux, ne pouvoient jouir d'une trop grande Fécondité.

CHAPITRE XXIV.

La Grandeur.

LE Volume des plus grands *Arbres* eſt aſſez égal à celui des plus grands *Animaux*. Le Volume de l'*Orme* ne diffère pas beaucoup de celui de la *Baleine*. Mais il n'en eſt pas ici du petit comme du grand. Le Volume des plus petites Plantes *microscopiques* ſurpaſſe celui des *Animalcules* qui leur ſont analogues. Il y a plus loin de la *Baleine* à l'*Animalcule* qui nage dans l'infuſion du *Poivre*, qu'il n'y a de l'*Orme* à la plus petite *Moiſiſſure*.

CHAPITRE XXV.

La Forme.

IL eſt peu de ſpectacles plus intéreſſants aux yeux du Contemplateur de la Nature, que celui que lui offrent les Formes infiniment variées des Plantes & des Animaux. Soit qu'il compare les Eſpèces les moins parfaites à celles qui le font le plus ; foit qu'il compare entr'elles les Espèces d'une même Claſſe, il eſt également frappé de la diverſité des modelles ſur lesquels la N A T U R E a travaillé dans le Règne végétal & dans le Règne animal.

Il paſſe avec étonnement de la *Truffe* à la *Senſitive*, du *Champignon* à l'*Oeillet*, de l'*Agaric* au *Lilac*, du *Noſtock* au *Roſier*, du *Lichen* au *Ceriſier*, de la *Moiſiſſure* au *Chataignier*, de la *Morille* au *Chêne*, de la *Mouſſe* au *Tilleuil*, du *Guy* à l'*Oranger*, du *Lierre* au *Sapin*.

Il conſidère, avec ſurpriſe, le Peuple nombreux des *Champignons* ou celui des *Lichens*, & il ne ſe laſſe point d'admirer la fécondité de la Nature dans la production de ces Plantes, ſi éloignées des autres par leurs Formes, & qu'on a peine à mettre au rang des Végétaux.

Paſſant enſuite aux Plantes qui ſont plus élevées dans l'échelle, il s'arrête avec plaiſir à obſerver les gradations des Plantes à *Tuyau*, depuis le *Gramen*, qui croît entre les Pierres, jusques à la Plante précieuſe, l'ornement de nos guérets, dont l'*Epi* nous fournit l'aliment le plus ſain & le plus néceſſaire. Il conſidère les variétés des Plantes qui *rampent*, depuis le tendre *Lizeron*, jusques au *Pampre* qui couronne nos côteaux, & dont la Grape nous procure une boiſſon également agréable & ſalutaire. Il parcourt encore les Arbres qui portent des Fruits à *Noyau*, depuis le *Prunier ſauvage*, jusques au *Pêcher*, dont le Fruit ne ſe fait pas moins admirer par la douceur de ſon velouté, & par la beauté de ſon coloris, que par l'abondance & le goût exquis de ſon eau.

Si du Règne végétal notre Contemplateur se transporte dans le Règne animal, la perspective devient encore plus intéressante. Il voit opposés dans le même tableau le *Polype* & le *Chien de Mer*, l'*Ephémère* & le *Poisson-volant*, le *Notonecti* & le *Canard*, la *Demoiselle* & l'*Aigle*, la *Sauterelle* & l'*Ecureuil-Volant*, l'*Araignée* & le *Chat*, la *Fourmi* & le *Cerf*, le *Grillo-Talpa* & le *Rhinoceros*, le *Mille-pié* & le *Crocodile*, le *Scorpion* & le *Singe*.

Un autre tableau lui présente la suite nombreuse des *Papillons* ou celles des *Mouches*, & en la considérant, il s'étonne de la complaisance avec laquelle la N A T U R E a diversifié les Espèces de ces petits Animaux, si différens des grands par leurs Formes, & qu'on a traités d'Animaux manqués ou imparfaits.

Portant ensuite ses regards sur les Espèces placées immédiatement au dessus, il contemple les *Coquillages*, depuis celui dont la Liqueur précieuse teignoit les vêtemens des Rois, jusques au *Nautile* qui vogue avec tant de grace & d'adresse sur le flot inconstant. Il observe les différentes Espèces de Poissons, depuis la dangereuse *Torpille* jusques au puissant *Nerval*, & depuis le joli *Poisson doré* de la Chine, jusques au *Dauphin*, qui fend l'onde avec la vitesse d'un trait.

Il fait aussi passer en revuë les *Oiseaux* qui vivent d'*Herbes* ou de *Grains*, depuis le *Serin*, qui nous réjouït par son ramage, jusques au *Paon*, qui étale pompeusement dans nos Basses-Cours l'or & l'azur dont il est enrichi. Il observe encore les Oiseaux de proye, depuis l'*Emérillon* plein de feu, jusques à l'*Aigle*, que sa force & son courage ont élevé à l'empire des Oiseaux. Il parcourt de même les *Quadrupèdes* depuis le *Lièvre* leger & timide, jusques à l'*Eléphant*, dont l'énorme corpulence fixe tous les yeux ; & depuis le rufé *Renard* jusques à ce noble & généreux Quadrupède qui femble né pour dominer fur tous les Animaux.

Les Plantes, quoique prodigieufement variées dans leurs Formes, le font cependant moins que les Animaux. Il y a moins d'échellons de la *Truffe* à la *Senfitive*, ou de la *Morille* au *Chêne*, qu'il n'y en a de l'*Huître* à l'*Autruche* ; ou de l'*Ortie de Mer* à l'*Orang-Outang*. Les Plantes étant effentiellement plus fimples que les Animaux, n'ont pû donner naiffance à autant de combinaifons.

Les Formes des Animaux nous offrent une fingularité extrêmement remarquable, & qui fembleroit fournir un caractère propre à les diftinguer des Végétaux ; je veux parler de ces admirables métamorphofes, qui nous montrent fucceffivement le même Infecte fous plufieurs afpects, quelquefois fi oppofés, qu'il ne paroît plus le même Animal.

Mais, ne pourroit-on point comparer le *Boûton* dans lequel une Plante ou une Fleur font renfermées, à l'Enveloppe de *Chryfalide* qui nous cache le *Papillon* ? & de même que la Plante ne produit point de Graînes que la Fleur ne foit fortie de fon Boûton ; de même auffi le Papillon ne propage point qu'il n'ait rejetté le Fourreau de Chryfalide.

CHAPITRE XXVI.

La Structure.

IL n'eſt pas auſſi facile de comparer les Plantes & les Animaux dans leurs *Formes intérieures* ou leur *Structure*, qu'il eſt de les comparer dans leurs *Formes extérieures*. Nous pouvons juger de celles-ci ſur un ſimple coup-d'œil: il faut toûjours une certaine attention, & ſouvent le ſecours de divers inſtrumens pour juger de celles-là. Nous pénétrons, ce ſemble, plus difficilement dans l'intérieur d'une Plante, que dans celui d'un Animal. Là, tout paroît plus confondu, plus uniforme, plus fin, moins animé. Ici tout paroît ſe démêler mieux, ſoit parce que la forme, le tiſſu, la couleur & la ſituation des différentes Parties y préſentent plus de variétés, ſoit parce que le jeu des principaux Viſcères y eſt toujours plus ou moins ſenſible. Le Microſcope, le Scalpel & les Injections qui nous conduiſent ſi loin dans l'Anatomie des Animaux, refuſent ſouvent de nous ſervir, ou ne nous ſervent qu'imparfaitement dans celle des Plantes. Il eſt vrai auſſi que cette partie de l'œconomie organique a été moins étudiée que celle qui a les Animaux pour objet. La Structure de ces derniers nous intéreſſoit davantage par ſes raports avec celle de notre propre Corps.

Cependant quelqu'imparfaite que ſoit encore l'Anatomie des Plantes, elle ne laiſſe pas de nous dé-

cou-

couvrir quelques-uns de leurs principaux Vaiſſeaux, & d'en ſuivre les Ramifications juſqu'à un certain point. On peut ranger ces Vaiſſeaux ſous deux claſſes générales ; les Vaiſſeaux *longitudinaux*, ou qui s'étendent ſuivant la longueur de la Plante ; & les Vaiſſeaux *transverſaux*, ou qui ſont placés ſuivant ſa largeur.

Les Vaiſſeaux *ſéveux* & les Trachées appartiennent à la première claſſe ; les *Utricules* ou les *Inſertions* appartiennent à la ſeconde.

Les Vaiſſeaux ſéveux paroiſſent principalement deſtinés à conduire le ſuc. Les Utricules paroiſſent ſurtout ſervir à le préparer ou à le digérer. Ce ſont des eſpèces d'Eſtomacs, comme je l'ai déja inſinué.

Il eſt des Plantes qui ne ſemblent être compoſées que d'Utricules. Telles ſont quelques eſpèces de *Racines* & de *Plantes-Marines*, dont le tiſſu eſt presque entièrement *parenchymateux* ou véſiculaire. Il eſt pareillement des Animaux qui ſemblent être tout Eſtomac, tels ſont le *Polype* & le *Taenia*.

Un des principaux caractères qui peuvent aider à diſtinguer les Inſectes des grands Animaux, eſt que ceux-là n'ont point d'*Os* dans leur intérieur. Ce qu'ils ont d'oſſeux ou d'écailleux, eſt placé à l'extérieur pour ſervir d'appui ou de défenſes aux Parties plus délicates ſituées au deſſous, ou pour ſoutenir le Corps avec plus d'avantage. C'eſt ainſi que dans preſque tous les Inſectes *proprement dits* (*),

(*) Part. III. Chap. 17.

Tome II.   C

la Tête, le Corcelet, les Jambes, les Anneaux, &c. font recouverts d'Ecailles en tout ou en partie.

Les *Herbes* diffèrent principalement des *Arbres* par un caractère analogue. Elles n'ont point de *Corps ligneux* dans leur centre. Ce qu'elles ont de ligneux ou de moins herbacé, paroît à l'extérieur, & fert à protèger les Parties les plus foibles, ou à fortifier le Corps de la Plante. C'eft ainfi que les Plantes *à tuyaux* ont été affermies par des Noeuds placés régulièrement de diftance en diftance, enforte que les Noeuds inférieurs, deftinés à fervir de bafe, font plus forts & plus rapprochés, que ne le font les Noeuds fupérieurs. C'eft dans la même vuë que les Racines de beaucoup de Plantes herbacées, ainfi que les Calyces des Fleurs, & les Capfules ou Enveloppes des Graînes, ont été renduës presque ligneufes.

Les *Herbes* croiffent & s'endurciffent plus promptement que les *Arbres*. Les *Infectes* croiffent, & s'endurciffent plus promptement que les grands Animaux. Les Herbes & les Infectes étant d'une confiftance plus molle que ne le font les Arbres & les grands Animaux, doivent avoir plus de facilité à s'étendre en tout fens, & atteindre plutôt le dernier terme de leur extenfion. D'ailleurs les Couches concentriques de l'*Ecorce* des Arbres, & celles du *Périofte* des Animaux, étant beaucoup plus nombreufes que les Couches rélatives des Herbes & des Infectes, doivent fournir plus longtems à l'accroiffement.

On diftingue deux fortes de Parties dans les Corps organifés; les Parties *fimilaires*, & les Parties *dis-*

similaires. Celles-là sont formées de Fibres du même genre. Celles-ci sont composées de Fibres ou de Vaisseaux de différens genres. Les Nerfs, les Artères, les Veines, les Vaisseaux lymphatiques, &c. sont des Parties similaires de notre Corps : le Cerveau, le Coeur, les Poûmons, l'Estomac, &c. en sont des Parties *dissimilaires*. Les Plantes ne sont presque composées que de Parties *similaires*. Les Vaisseaux séveux, les Trachées, les Utricules sont de ce genre. Ces différents Vaisseaux ont été répandus assez uniformément dans tout le Corps de la Plante : ils entrent dans la composition de toutes ses Parties. On les trouve dans la Racine, dans la Tige, dans les Branches, dans les Feuilles, dans les Fleurs, dans les Fruits. Le moindre fragment, la plus petite Feuille est une représentation du Tout, un abrégé de la Plante.

Il y a de même des Animaux qui ne sont presque composés que de Parties *similaires*. De ce nombre sont quantité d'Espèces de *Vers longs*, sans Jambes, & quelques *Mille-pieds* aquatiques ; certaines *Sangsuës*, les *Orties* & les *Etoiles de Mer*, les *Polypes*, les *Taenia*, les *Vers de Terre* &c. Tous ces Animaux ont été construits de manière que chacune de leurs Portions, même la plus petite, est en raccourci ce que le Tout est en grand.

Dans les *Vers longs* que je viens de citer, on observe très-distinctement un Estomac, un Coeur, & de fort petits Vaisseaux qui semblent être des dépendances de ce dernier. On ne peut même douter qu'il n'y ait au dessous de l'Estomac un Cordon *médullaire* semblable à celui qu'on observe dans d'autres Espèces de Vers & dans les Chenilles. Ces

C 2

Viſcéres ne ſont pas diſtribués dans certaines régions du Corps : ils ſont répandus univerſellement
dans toute ſa longueur ; enſorte qu'il eſt vrai de dire que ces Inſectes ſont tout Cerveau, tout Eſtomac, tout Coeur. Mais ce Cerveau, cet Eſtomac, & ce Coeur paroiſſent extrêmement ſimples :
le premier n'eſt preſque qu'un filet nerveux, le ſecond un ſac membraneux, le troiſième une grande
Artère.

Les *Polypes*, plus ſimples dans leur Structure, ne
ſont qu'une eſpèce de Boyau, ſemé d'une multitude innombrable de petits Grains, qui ſe teignent
de la couleur des alimens. Ce Boyau peut être
tourné & retourné comme un bas, ſans que l'Animal paroiſſe en ſouffrir.

Les *Taenia* ont quelque choſe de la Structure des
Polypes ; mais ils ſemblent plus compoſés. Ils ſont
formés d'une chaîne d'Anneaux plats, membraneux
& blanchâtres, & emboités les uns dans les autres
comme les diviſions d'un Roſeau. Chaque Anneau a dans ſa partie ſupérieure ou ſur un de ſes
cotés, une éminence plus ou moins ſenſible, au
centre de laquelle eſt une petite ouverture ronde.
Le milieu de l'Anneau eſt occupé par des Vaiſſeaux de couleur pourpre ou blanchâtre, qui forment un travail qui s'attire l'attention de l'Obſervateur. Le reſte de l'Anneau eſt rempli d'un nombre infini de petits Grains blancs. Tel eſt eſſen-
tiellement la Structure du Taenia dans toute ſon
étenduë ; nulle variété, nulle reſſemblance parfaite entre tous les Anneaux, dont l'aſſemblage compoſe une
eſpèce de ruban ou de lacet, qui atteint quelquefois à une longueur de pluſieurs centaines de
pieds.

Les Vers de Terre font de tous les Infectes que j'ai nommés, ceux dont l'intérieur paroît être le plus compofé, principalement parce qu'ils réunisfent les deux Sexes : mais les Organes les plus esfentiels à la vie, y font répandus de même dans toute la longueur de l'Animal.

Les Corps organifés dont la Structure eft fi fimple ou fi uniforme que chacune de leurs Portions a en petit une organifation femblable à celle que le Tout a plus en grand, jouïffent de diverfes prérogatives qui ont été refufées aux Corps organifés d'une Structure plus recherchée. Les premiers ne font point détruits, lors qu'on les divife ou qu'on les met en pièces. Leurs différentes Portions continuent de vivre, & les playes, qui leur ont été faites, fe confolident facilement. Ces Portions végètent ; elles prennent de la nourriture ; elles produifent de nouveaux Organes ; elles multiplient. Ce font là les merveilles que les Végétaux & les Infectes dont nous venons de parler, mettent tous les jours fous nos yeux : merveilles qu'on n'a point asfez admirées dans ceux - là, & qu'on admire peut - être trop dans ceux - ci.

Les grands Animaux ne nous offrent pas de femblables prodiges. La confolidation de leurs playes, & la réunion de leurs fractures, quoi qu'accompagnées fouvent de circonftances qui les rendent très - remarquables, ne nous frappent que médiocrement, comparées aux faits analogues que nous obfervons dans les Polypes & dans les autres Infectes qui multiplient de Boûture. Les mouvemens que fe donnent certaines Parties des grands Animaux lors qu'elles ont été féparées du Corps, ou que l'Animal a ceffé de vivre, ne nous caufent non plus qu'une médicore furprife, quand nous confidérons les mouvemens que fe donnent les différentes portions de Vers, ou celles de quelques Mille-pieds.

Mais n'entre-t-il aucune féduction dans ces divers jugemens ? Nous jugeons de l'effet produit confidéré en lui-même & féparé des circonftances qui l'accompagnent; au lieu qu'il faudroit en juger rélativement au plus ou au moins de compofition du Corps dans lequel cet effet eft produit. Il y a même autant & plus de merveilleux dans la confolidation de certaines playes, ou dans la réunion de certaines fractures de notre Corps, qu'il y en a dans la confolidation des playes des Polypes, ou dans la réunion des Parties qui en ont été féparées. Une machine très-fimple fe répare aifément; une machine extrêmement compofée ne fe répare pas avec la même facilité. Quand nous penferons au nombre prodigieux de Parties fimilaires & diffimilaires qui entrent dans la compofition du Corps des grands Animaux, & furtout dans celle du Corps humain; quand nous ferons attention à la liaifon étroite de toutes ces Parties, & aux dégrés de compofition de chacune, nous ne pourrons affez nous étonner que divers accidens qui furviennent à ces Corps, n'ayent pas de plus grandes fuites. Nous fentirons en même tems pourquoi il ne leur eft pas donné de fe propager comme les Corps dont l'organifation eft plus fimple.

Mais indépendamment du plus ou du moins de compofition des Parties néceffaires à la vie, dès que ces Parties fe trouvent placées en différentes régions du Corps, dès qu'elles ne font pas répanduës dans toute fa longueur, ce Corps ne fçauroit être

multiplié de Boûture. En refufant, dans S A S A-
G E S S E, cette propriété aux grands Animaux, en
refferrant chez eux les fources de la vie dans un
cercle affez étroit, l'A U T E U R de la Nature les
en a dédommagés par bien des avantages. Comparez la fuite des mouvemens ou des actions d'une
Ortie de Mer, avec la fuite des mouvemens ou des
actions du Singe, & vous fentirez bientôt quel eft
celui de ces Animaux qui a été le plus favorifé.

Enfin, les Corps organifés auxquels il a été accordé de multiplier par une voye qui, fembleroit ne
tendre qu'à leur deftruction, font ceux qui étoient
expofés à de plus grands dangers, & dont la vie devoit être ménacée à chaque inftant de mille accidens divers.

CHAPITRE XXVII.

La Circulation.

E N T R E les mouvemens que nous obfervons
dans l'intérieur des Machines Animales, celui de la
Circulation tient le premier rang, foit par fon im-
portance, foit par fa nature, foit par fa durée &
l'appareil d'Organes au moyen duquel il s'exécute.
Il règne dans ce mouvement un air de grandeur qui
faifit fortement l'Efprit, & qui en lui faifant fentir
les bornes étroites de l'Intelligence humaine, le
pénètre du plus profond refpect, & le remplit de
la plus vive admiration pour l'I N T E L L I G E N C E
I N F I N I E qui brille dans fon D I V I N A U T E U R.

Au centre de la Poitrine, entre deux maffes fpon-
gieufes, ou vafculeufes, connuës fous le nom

de *Poûmons*, est couchée une Piramide charnuë, dont la base porte deux petits Entonnoirs, en manière *d'Oreillettes*, qui communiquent à deux cavités contenuës dans l'intérieur de la Piramide, & qui la partage suivant sa longueur, en deux Chambres ou *Ventricules*, le Ventricule *droit* & le Ventricule *gauche*. Cette Piramide est le *Coeur*, ou le principal ressort de la Machine. Il a deux ordres principaux de *Fibres musculaires*; les unes vont obliquement de la base à la pointe, les autres coupent celles-ci transversalement. Du jeu de ces Fibres résultent deux mouvemens opposés; l'un de raccourcissement ou de *dilatation*; l'autre d'allongement ou de *contraction*. Le Coeur paroît exécuter ces mouvemens en tournant sur lui-même en forme de vis. Sa pointe se rapproche ou s'éloigne de la base, en montant ou en descendant obliquement.

Deux gros Vaisseaux communiquent avec chaque Ventricule, une Artère & une Veine. L'Artère (1) qui communique avec le Ventricule droit, porte le sang au Poûmon. La Veine, (2) qui communique avec le même Ventricule, forme le principal Tronc des Veines, & rapporte le sang de toutes les Parties au Coeur. L'Artère, (3) qui entre dans le Ventricule gauche, est le principal Tronc des Artères, & c'est elle qui porte le Sang à toutes les Parties. La Veine, (4) qui aboutit au même Ventricule, lui transmet le sang qu'elle a rapporté du Poûmon.

(1) *L'Artère Poulmonaire.*
(2) La *Veine-Cave.*
(3) La grande Artère ou *l'Aorte.*
(4) La *Veine Poulmonaire.*

Les principaux Troncs des Artères & des Veines se divisent en plusieurs Branches à peu de distance du Coeur. Les unes tendent vers les extrémités supérieures; les autres vers les inférieures.

Les Artères & les Veines diminuent de diamètre, & se ramifient de plus en plus à mesure qu'elles s'éloignent de leur origine. Il n'est point de Parties auxquelles elles ne distribuent un ou plusieurs Rameaux.

Parvenuës aux Parties les plus reculées, les Artères s'abouchent aux Veines, soit que cet abouchement soit réel, ou immédiat, soit qu'il se fasse par l'interposition d'un tissu très-fin, ou que le même Vaisseau se prolonge à la manière d'un Syphon à deux branches.

Les Artères sont composées de plusieurs Membranes principales, posées les unes sur les autres, & qui leur donnent le mouvement & le sentiment. Les Veines ont de semblables Membranes, mais elles y sont plus minces ou plus foibles. Les Veines n'étoient pas appellées à exercer la même puissance que les Artères. Celles-ci devoient, comme le Coeur & pour la même fin, se dilater & se contracter ; elles ont donc été pourvuës d'une Membrane fort élastique. Les Veines ne devoient pas avoir de jeu sensible.

A' la naissance des Artères, & dans l'intérieur des Veines, sont placées de petites Ecluses ou de petites *Valvules*, qui en s'abaissant & en se relevant ouvrent & ferment le Canal. Ces Valvules sont posées dans les Veines en sens contraire à celui

qu'elles ont dans les Artères. Nous verrons bientôt la cauſe finale de cette différence.

Après avoir été broyés & diſſous dans la Bouche
& dans l'Eſtomac, les Alimens descendent dans les
Inteſtins, où ils reçoivent une nouvelle préparation
par le mélange de deux liqueurs, dont l'une eſt
fournie par le Foye, & ſe nomme la Bile ; & dont
l'autre eſt fournie par une espèce de Glande (1)
ſituée ſous l'Eſtomac.

Les Alimens ſont ainſi convertis en une espèce
de bouillie griſâtre, qui a reçu le nom de *Chyle*.
Chaſſé de place en place par le mouvement vermi-
culaire ou *périſtaltique* (2) des Inteſtins, preſſé fortement contre leurs parois dans l'inſtant de leur
contraction, le Chyle pénètre dans les Vaiſſeaux
extrêmement déliés, (3) qui s'ouvrent dans la
Membrane interne du Conduit inteſtinal. Ces Vaiſſeaux transmettent le Chyle à de très-petites Glandes dont eſt parſemée une espèce de Membrane,
(4) ſituée au milieu des Inteſtins, & autour de
laquelle ils ſont comme roulés. Filtré & travaillé
dans ces Glandes, le Chyle y eſt repris par d'autres
Vaiſſeaux, (5) qui le conduiſent dans un Canal (6)
placé le long de l'Epine, & qui le verſe dans une
Veine ſituée ſous la Clavicule gauche. Là, il entre dans le Sang, & perd le nom de *Chyle*. De
cette Veine le nouveau *Sang* paſſe dans la Branche

(1) Le *Pancréas* & le Suc *pancréatique*.
(2) Voyez le Chap. 3. de la Part. VII.
(3) Les Veines *Lactées premières*.
(4) Le *Méſentère* & les Glandes *Méſentériques*.
(5) Les Veines *Lactées ſecondaires*.
(6) Le *Canal Thorachique*.

supérieure du principal Tronc des Veines, qui le conduit vers le Coeur. Il entre dans l'Oreillette droite, qui s'ouvre à son approche, & qui en se resserrant aussi-tôt le pousse dans le Ventricule droit dilaté pour le recevoir. Le Coeur se contracte à l'instant; les Valvules, dont le Ventricule est garni, s'élèvent pour s'opposer au reflux du Sang dans l'Oreillette; il est forcé d'enfiler la route de l'Artère qui doit le porter au Poûmon. Les Valvules posées à l'entrée de cette Artère, s'abaissent; l'Artère se dilate, & le Sang s'avance dans le Canal. Les Valvules se redressent & préviennent son retour vers le Coeur. L'Artère se contracte, le Sang est poussé plus loin, & par ces dilatations & ces contractions alternatives du Vaisseau, il est porté au Poûmon, dont il parcourt tous les plis & les replis. Les Ramifications de la *Trachée* (*) répanduës dans le Viscère, y portent un air frais & élastique, qui, en agissant sur le tissu lâche & spongieux du Poûmon, le dilate, le dévide, l'étend, le déploye, & facilite par là le cours du Sang dans les plus petites Ramifications de l'Artère. De plus, impregné de cet air, le Sang s'y atténuë, se rafraichit & prend une couleur plus vive. Parvenu aux extrêmités de l'Artère, il passe dans celle, de la Veine *Poulmonaire* qui le conduit au Ventricule gauche du Coeur. Celui-ci en se contractant, le pousse dans *l'Aorte*, (†) qui, en se divisant & se subdivisant sans cesse, distribuë cette Liqueur balsamique à toutes les Parties pour fournir à leur accroissement ou à leur entretien, & pour donner lieu à différentes *Sécrétions*. (‡) Les Valvules de l'Aorte ..

(*) Les *Bronches*.
(†) Le Principal Tronc des Artères.
(‡) Voy. le Chapitre 5. de la Part. VII.

. . . . mais mon Lecteur m'a déja prévenu,
Des extrêmités de cette Artère, le sang paffe dans
celles de la Veine *Cave*, (*) qui raporte au Coeur
le réfidu du Sang, pour le faire rentrer de nouveau dans les routes de la *Circulation*. C'eft ainfi
que la grande énergie du Coeur, fecondée de celle
des Artères, transmet le Sang aux Parties les plus
reculées du Corps, malgré la réfiftance que la gravité, les frottemens & mille autres circonftances
apportent à fa marche. La forte preffion que le
Sang *artériel* exerce continuellement fur le Sang
veineux, furmontant de même fa pefanteur naturelle, le force de s'élever des Parties inférieures
au Coeur. Les espèces de Valvules diftribuées çà
& là dans l'intérieur des Veines afcendantes & qui
font comme de petits échellons, le battement con-
tinuel des Artères qui rampent à leur coté, le jeu
des Mufcles, &c. aident encore le retour du Sang.

Telle eft, très en raccourci, l'admirable méchanique de la Circulation du Sang dans l'Homme
& dans les Animaux les plus connus. Mais combien cette légère esquiffe eft-elle au deffous de la
réalité! Combien ces traits font-ils foibles pour
exprimer les beautés de ce grand fujet! Que j'en-
vie votre fçavoir, Phyficiens, qui connoiffez mieux
que moi ces beautés, qui voyez plus à découvert
cette merveilleufe oeconomie, & qui avez ramené
au calcul l'action de ces Puiffances, qui entretien-
nent en nous la vie & le mouvement! Que font cependant encore vos brillantes découvertes auprès
des beautés qui vous demeurent cachées! Que font
vos fçavantes & curieufes defcriptions rélativement
à ce que le fujet eft en lui-même! Les figures

(*) Le principal Tronc des Veines.

groſſières qu'une main enfantine crayonne ſur un mur, ſont peut-être moins éloignées des chefs-d'oeuvres d'un R U B E N S ou d'un L E B R U N. Voyez-vous diſtinctement comment les forces de la vie ſe réparent? Concevez-vous nettement la cauſe de ce mouvement perpétuel du Coeur, qui continuë ſans interruption pendant 70, 80 ou même 100 ans, qui a duré des ſiècles dans les premiers Hommes, & qui dure encore pendant un tems presque auſſi longs dans quelques Espèces d'Animaux? Avez-vous découvert le point où l'Artère ſe change en Veine? Avez-vous pénétré dans le myſtère de la ſécrétion de ces Esprits, dont la ſubtilité & l'activité prodigieuſes ſemblent les rapprocher de la Lumière? Pouvez-vous même décider ſur la manière dont ſe font les ſécrétions les plus groſſières? Connoiſſez-vous la véritable méchanique des mouvemens muſculaires? Avez-vous découvert d'où leur vient cette grande force, ſouvent ſi ſupérieure à celle du Coeur? Toutes ces dépendances de la Circulation nous demeurent voilées. Une ſombre nuit couvre encore ces Régions, & vous déſirez avec ardeur le lever de l'Aſtre qui doit diſſiper ces ombres. L'Aurore de ce jour dorera-t-elle bientôt l'Horiſon du Monde ſavant? Ou ſa naiſſance eſt-elle encore fort éloignée?

Mais ſi nous ne découvrons pas tout, nous en voyons du moins aſſez pour que notre admiration ne ſoit point aveugle, & l'esquiſſe, que je viens de crayonner de la Circulation, ſuffit pour nous faire concevoir les plus hautes idées de la S O U V E R A I N E I N T E L L I G E N C E qui en a ordonné la manière, la durée & la fin.

Moins magnifique dans ſes plans, moins habile dans l'exécution, l'Hydraulique ne nous offre de cette merveille que de foibles images dans les Machines, au moyen desquelles elle élève l'eau au desſus des Montagnes, pour la diſtribuer dans tous les quartiers d'une grande Ville, & pour la faire circuler ou jaillir, ſous cent formes, dans ces Jardins que l'Art & la Nature embelliſſent à l'envi.

Les Ouvrages du CRÉATEUR veulent être comparés aux Ouvrages du CRÉATEUR. Toûjours ſemblable à LUI-même, IL a imprimé à toutes SES Productions un caractère de nobleſſe & d'excellence, qui démontre la grandeur de leur origine. De cet immenſe amas d'eau, qui ceint les grands Continents, s'élève ſans ceſſe un Océan de Vapeurs, qui, raréfiées par l'action combinée du Soleil & de l'Air, s'étendent dans les couches ſupérieures de l'Atmoſphère, où elles demeurent ſuſpenduës en équilibre, confonduës avec le Fluïde dans lequel elles nagent, & pèſent avec lui. Raſſemblées enſuite en nuages plus ou moins denſes, & portées ſur les ailes des Vents, elles parcourent les Plaines Céleſtes qu'elles ornent de leurs riches couleurs, & de leurs formes toûjours variées. Fixées enfin ſur le ſommet des Montagnes, elles y verſent les pluyes abondantes, qui recueillies dans les vaſtes réſervoirs que renferme leur ſein, fourniſſent, par une heureuſe Circulation, à l'entretien des Fontaines, des Fleuves, des Lacs & des Mers. Semblables aux Artères & aux Veines, les Fleuves ſerpentent & ſe ramifient ſur la ſurface de la Terre ; ils parcourent d'immenſes Contrées, ils les arroſent, les fertiliſent, les uniſſent par un commerce réciproque, & roulant majeſtueuſement leurs flots vers la Mer, ils s'y plongent, pour être de nouveau élevés en Vapeurs, & r'entrer ainſi dans les routes de cette magnifique Circulation.

CHAPITRE XXVIII.

Continuation du même Sujet.

La Sève *circule*-t-elle dans les Plantes comme le Sang circule dans les Animaux? ce nouveau trait d'analogie entre ces deux claſſes de Corps organiſés, eſt-il auſſi réel qu'il a parû l'être?

De petites Veſſies pleines d'air qu'on a crû découvrir dans l'intérieur des Feuilles, les ramifications ſans nombre & l'entrelaſſement de leurs Vaiſſeaux, ont perſuadé qu'elles étoient les *Poûmons* de la Plante. On a conjecturé que la Sève montoit, par les Fibres du Bois, des Racines aux Feuilles pour y recevoir différentes préparations, & qu'elle deſcendoit par les Fibres de l'Ecorce, des Feuilles aux Racines, pour être diſtribuées enſuite à toutes les Parties. On a tenté d'apuyer cette ingénieuſe hypothèſe de pluſieurs faits, mais tous ſi équivoques qu'il ſera mieux de les omettre & de n'indiquer que les raiſons oppoſées beaucoup plus convaincantes.

Si la Sève s'élevoit des Racines aux Feuilles par les Fibres du Bois, ſi elle deſcendoit des Feuilles aux Racines par les Fibres de l'Ecorce, l'extrêmité ſupérieure des Arbres devroit être humectée au Printems avant l'extrêmité inférieure. On obſerve cependant le contraire. Les Arbres dont le

Corps ligneux eſt détruit, ne laiſſent pas de végè-
ter.   On n'a point découvert dans les Plantes de
Vaiſſeaux analogues aux Artères & aux Veines.   On
n'y a point vû d'Organe qui y faſſe les fonctions
du Coeur.   Un Arbre planté à contre-ſens, les
Racines en enhaut les Branches en embas, vit,
croît, fructifie ; de ſes Racines ſortent des Branches ; de ſes Branches ſortent des Racines.   Il en
eſt de même des Boûtures & des Marcottes.   Une
jeune Branche, un jeune Fruit, greffés ſur un Sujet
étranger, s'incorporent avec lui & y prennent tout
l'accroiſſement qu'ils auroient pris ſur la Plante dont
ils ont été détachés.   Des expériences faites, par
une main très-habile, démontrent que le mouvement de la Sève dépend uniquement des alternatives du chaud & du froid, des viciſſitudes du jour
& de la nuit.   Ces expériences prouvent que ce
mouvement eſt progreſſif pendant le jour, rétrograde pendant la nuit ; que la Sève s'élève pendant le jour des Racines aux Feuilles, qu'elle descend pendant la nuit des Feuilles aux Racines.   On
voit cette Liqueur ſoulever, pendant le jour, le
Mercure contenu dans un Tuyau de verre adapté
à une Branche qui végète, & le laiſſer retomber
à l'aproche de la nuit.   En un mot, il en eſt de
la marche de la Sève à peu près comme de celle
de la Liqueur contenuë dans le Tuyau d'un Ther-
momètre.   Tout ſe réduit à de ſimples balancemens.

L'Opinion de la Circulation de la Sève dans les
Plantes, autrefois ſi ſuivie, eſt donc aujourd'hui
très-ſuſpecte de fauſſeté, pour ne rien dire de plus.
Ceux qui ont cherché à l'établir, paroiſſent avoir
été plus touchés de la beauté de la ſuppoſition que

de

de son utilité ; ou plutôt ils n'ont pas assez consi-
déré que l'*Utile* est la vraye mesure du *Beau*. La
nourriture des Animaux les plus parfaits demandoit
d'être plus travaillée que celle des Plantes, dans la
proportion de l'excellence de ceux - là, à la perfection de celles - ci. De là, la nécessité de la *Circulation du Sang*. Les préparations de la Sève n'exi-
geoient pas un mouvement aussi composé, aussi régulier, aussi soutenu : de simples balancemens suffi-
soient. Les grands Animaux ne mangent qu'en certains tems ; le sentiment vif & pressant qui les porte à prendre de la nourriture, n'agit pas en eux à
chaque instant. Les différentes préparations que
leurs alimens devoient recevoir, auroient été troublées, ou interrompuës, si de nouveaux alimens
avoient été reçus dans leur intérieur, avant que les
premiers eussent été suffisamment digérés.

Les Plantes, au contraire, sont dans un état de
perpétuelle succion, elles tirent continuellement de
la nourriture & en très - grande quantité, le jour par
leurs Racines, la nuit par leurs Feuilles. Il y a
telle Plante qui tire & transpire en 24 heures quinze
à vingt fois plus que l'Homme.

Mais si les Plantes diffèrent beaucoup des grands
Animaux par la Circulation, d'un autre coté d'autres Espèces d'Animaux paroissent se rapprocher
beaucoup des Plantes par le défaut de cette même
Circulation. On n'apperçoit aucune trace de ce
mouvement dans le *Polype*, dans le *Tænia*, dans la
Moule des Étangs, & dans divers autres Coquillages.

J'ai nommé plusieurs fois la *Moule des Étangs*. Sa
structure est quelque chose de fort étrange. Elle

ne reçoit sa nourriture & ne respire que par l'Anus.
Elle n'a point proprement de Cerveau. Ce qu'on
prend pour la Tête , présente une ouverture, qu'on
peut regarder comme la Bouche de l'Animal. Il
a une sorte de Coeur , pourvu d'un Ventricule &
de deux Oreillettes. A un certain mouvement de
la Moule l'Anus s'ouvre, & transmet la nourriture
à certains Canaux qui se rendent à la Bouche. Cette nourriture n'est guères que de l'Eau. Au fond
de la Bouche, se présentent deux autres Canaux.
L'un va se terminer au Coeur ; l'autre passe par le
Cerveau , & par une sorte de Viscère, qui paroit
analogue au Foye, & qui n'est pas plus un Foye,
que le Cerveau n'est un véritable Cerveau. L'Eau
que la Bouche envoye au Coeur par le Canal de
communication, tombe du Ventricule dans les Oreillettes , & retourne des Oreillettes dans le Ventricule. Voilà à quoi paroît se réduire dans la Moule des Etangs tout le Système de la Circulation.
Pas le moindre vestige d'Artères ni de Veines.
Combien cette image de la *Circulation* est-elle imparfaite ! ce n'est en effet qu'une image ; car le
simple balottement d'une Liqueur nourricière ne
sçauroit être une Circulation proprement dite.

Ainsi les Physiciens, qui, sur des raisons de beauté & d'harmonie, ont voulu que la Sève circulât
chez les Plantes, comme le Sang circule chez les
grands Animaux, n'ont pas eu des notions assez
exactes du Système du Monde & de la variété des
Productions de la Nature. L'Echelle des Corps
organisés est beaucoup plus étenduë qu'ils n'ont
paru le penser. Sur les Echellons inférieurs de
cette Echelle, nous voyons des Corps organisés
dont les Liqueurs sont simplement balancées de bas

en haut & de haut en bas. Un peu au deſſus, nous appercevons d'autres Corps dont les Liqueurs ſont agitées en différens ſens. Si nous nous élevons davantage nous découvrirons un commencement de Circulation, mais dont l'appareil ſe réduit principalement à un ou deux grands Vaiſſeaux. Cet appareil devient plus compoſé dans les Echellons ſupérieurs; d'adord c'eſt un Coeur de forme ordinaire, mais qui n'a qu'une ſeule Oreillette: enſuite ce ſont deux Oreillettes & un beaucoup plus grand aſſortiment d'Organes & de Vaiſſeaux.

CHAPITRE XXIX.

La Faculté loco-motive.

UN Ancien définiſſoit la Plante, un Animal enraciné. Il eût défini, ſans doute l'Animal une Plante vagabonde. La Faculté loco-motive eſt en effet un des caractères qui s'offrent les premiers à l'Eſprit, lors que l'on compare le Règne végétal & le Règne animal. Nous voyons les Plantes attachées conſtamment à la terre. Incapables d'aller chercher leur nourriture, il eſt ordonné que cette nourriture ira les chercher. Et ſi quelques Plantes aquatiques ſemblent ſe transporter d'un lieu dans un autre, ce n'eſt point par un mouvement qui leur ſoit propre, mais par celui du fluïde dans lequel elles ſont ſuſpenduës. C'eſt ainſi, à peu près, que différentes ſortes de Graînes voltigent en l'air au moyen des petites Aîles dont elles ont été pourvuës, & qu'elles ſont portées en des lieux quelquefois très-éloignés, pour y propager l'Eſpèce.

La plûpart des Animaux, au contraire, ont été chargés du foin de pourvoir à leur fubfiftance. La NATURE n'a pas toûjours placé auprès d'eux les nourritures qui leur étoient néceffaires. ELLE a voulu qu'ils fuffent obligés de fe les procurer, fouvent avec beaucoup de travail & d'induftrie. Et les différens moyens qu'elle a enfeignés à chaque Efpèce pour parvenir à cette fin, ne font pas ce qui diverfifie le moins la fcène de notre Monde.

Pendant que le Laboureur ouvre le fein de la terre, pour lui confier le Grain qui doit fervir à entretenir & à réparer fes forces, la Taupe & le Taupe-grillon fe frayent dans le même fein différentes routes, pour y chercher la pâture qui leur a été affignée. Le Chaffeur infatigable pourfuit fa proye avec opiniâtreté : il lance fur elle des traits invifibles, & triomphe ainfi de fa legèreté ou de fa force. D'autrefois, préférant la rufe à la force ouverte, il s'en rend maître en lui dreffant un piège. Le Tigre féroce fe jette fur le Faon qui folâtre dans la prairie. Le Chat plein de rufes attend immobile & dans le filence, que la jeune Souris forte de fa retraite pour s'élancer fur elle avec agilité, ou lui couper adroitement le chemin. La Guêpe cruelle fond fur l'Abeille laborieufe, qui revient à la Ruche chargée de Miel : elle fçait puifer dans fes Inteftins la liqueur délicieufe dont elle eft avide. L'Araignée également adroite & patiente, tend à la Mouche un filet dont on admire la ftructure & la fineffe. Le Fourmi-lion non moins patient ni moins induftrieux, creufe dans le fable un précipice à la Fourmi, au fond duquel il fe tient en embufcade. Quelques Efpèces d'Animaux, s'élevant en quelque forte jufques à la prudence hu-

maine, favent amaſſer des proviſions pour les tems
fâcheux ; ils ſe conſtruiſent des magazins, où règ-
nent de ſi juſtes proportions, & des proportions
quelquefois ſi géométriques, qu'on douteroit avec
fondement qu'ils fuſſent l'ouvrage d'une Brûte, ſi
cette Brûte n'étoit elle - même l'ouvrage de la R A I-
SON SOUVERAINE.

Qu'il y a loin en ce genre du Caſtor & de l'A-
beille, à la Galle-Inſecté, à l'Huitre, à l'Ortie de
Mer, & à pluſieurs autres Eſpèces d'Inſectes & de
Coquillages! Confonduë par ſon immobilité & par
ſa forme avec la Branche ſur laquelle elle vit, la
Galle - Inſecte (*) ſe borne à en pomper le ſuc: rien
n'annonce en elle l'Animal ; & il faut y regarder
de fort près & avec des yeux très-exercés à voir,
pour s'aſſurer qu'elle n'eſt point une véritable Galle. Portée par le flot ſur le rivage de la mer,
l'Huitre y demeure fixée, & tous ſes mouvemens
ſe réduiſent à ouvrir & à fermer ſon écaille. *L'Ortie de Mer*, & tous les differens Polypes à *Tuyaux*, pourroient être pris, & ont été pris en effet,
pour des productions du Règne végétal: fixés conſtamment à la même place, ils s'ouvrent & ſe ferment comme une Fleur ; ils s'étendent & ſe reſ-
ſerrent comme une Senſitive : ils allongent au dehors des eſpèces de Bras, au moyen desquels ils ſai-
ſiſſent les Inſectes que le hazard conduit auprès
d'eux. C'eſt ici leur principal mouvement, & le
caractère le moins équivoque de leur *Animalité*.

Ainſi la Faculté *loco - motive* n'eſt pas plus propre
à diſtinguer le Végétal de l'Animal, que ne le ſont

(*) Voy. le Chap. 7. de la Part. VIII.

les autres caractères que nous avons parcourus pré-
cédemment. Ce ne font partout que propriétés ou
accidents communs, fans aucune différence réelle.
Cependant, quoi de plus diftinct, en apparence, que
l'eft une Plante d'un Animal; quoi de plus facile à
caractérifer aux yeux de la plûpart des Hommes ?
Mais dès qu'on fçait que tout eft nuancé dans la Nature, on n'eft point furpris des difficultés qu'on éprou-
ve lors qu'il s'agit de différencier les Etres. On
s'attend néceffairement à voir les Espèces rentrer
les unes dans les autres ; & on fe borne à la plus
petite latitude, ou à ce qu'il y a de moins vague.
Achevons dans ce principe, le parallèle que nous
avons entrepris : voyons fi le Sentiment & la manière dont les Végétaux & les Animaux font nourris, nous offriront quelque chofe de plus précis ou
de plus caractériftique.

CHAPITRE XXX.

Le Sentiment.

S'IL eft une Faculté qui paroiffe propre à l'A-
nimal, exclufivement à la Plante, c'eft affurément
celle d'être *Animal*, je veux dire d'être doué d'u-
ne Ame capable de *fentir*. Unie à une fubftance
organifée par des noeuds qui ne font peut-être connus que de DIEU feul, cette Ame compofe avec
cette fubftance, un Etre *mixte*, un Etre qui par-
ticipe à la nature des Corps & à celle des Efprits.
Comme portion de Matière, cet Etre eft une Machine admirable dans fa ftructure, & fur laquelle les objets corporels agiffent d'une manière abfolument
méchanique. Comme fubftance fpirituelle, cet Etre
eft affecté à la préfence des objets corporels, d'u-

ne manière qui ne paroit avoir aucun rapport avec celle dont les substances matérielles agissent les unes sur les autres. De l'impression des objets extérieurs sur la Machine, résulte un certain mouvement dans la Machine. De ce mouvement résulte dans l'Ame un certain Sentiment, qui est suivi de la réaction de la substance spirituelle, sur la substance corporelle ; réaction qui manifeste au dehors le Sentiment, & qui en est l'expression ou le *signe*.

Les divers Sentimens qui s'excitent dans l'Animal peuvent tous se réduire à deux classes générales, au *plaisir* & à la *douleur*, séparés l'un de l'autre par des dégrés souvent insensibles, & issus de la même origine. Le plaisir porte l'Animal à rechercher ce qui convient à sa conservation ou à celle de l'Espèce. La douleur le porte à fuir tout ce qui peut nuire à cette double fin. L'expression du plaisir & de la douleur n'est pas la même chez tous les Animaux; soit parce que l'intensité, ou la quantité du plaisir & de la douleur, varie en différentes Espèces; soit parce que les Organes au moyen desquels l'Ame manifeste ses Sentimens, ne sont pas les mêmes chez tous les Animaux.

Il est des Espèces où le Sentiment se manifeste par un plus grand nombre de signes, par des signes plus variés, plus expressifs, moins équivoques; & ces Espèces sont les plus parfaites, celles qui ont avec nous des raports plus prochains. Que d'expression, par exemple dans l'air, dans les mouvemens, & dans les diverses attitudes du Singe, du Cheval, du Chien, du Chat, de l'Ecureuil!

Il n'y a guères moins d'expression chez les Oiseaux que chez les Quadrupèdes. Il ne faut pour s'en convaincre, que jetter les yeux fur une Baſſe-Cour: mais les Oiſeaux de proye ſont, peut-être, encore plus expreſſifs que les Oiſeaux domeſtiques.

Les Poiſſons ne s'expriment pas avec autant de clarté & d'énergie; ils forment un peuple de muëts, chez qui le langage des ſignes eſt peu abondant; mais l'extrême vivacité des mouvemens ſemble y compenſer en partie, la ſtérilité de l'expreſſion.

Les Reptiles, les Coquillages & les Inſectes, encore plus éloignés de nous que ne le ſont les Poiſſons, nous rendent auſſi leurs Sentimens d'une manière plus obſcure; mais que nous ſaiſiſſons pourtant juſques à un certain point, & que nous nous plaiſons ſouvent à trouver très-expreſſive.

Enfin les Animaux les moins Animaux, les Orties & les Polypes, nous donnent des marques de Sentiment auxquelles nous ne pouvons nous refuſer, lorſque nous les obſervons avec quelque attention. La promptitude avec laquelle ils ſe contractent dès qu'on vient à les toucher, quoi que très-légèrement, la manière dont ils allongent & dont ils raccourciſſent leurs Bras, pour ſaiſir leur proye, & la porter à leur bouche, ne nous permettent pas de les retrancher du nombre des Etres ſentans.

Nous ne découvrons, au contraire, dans la Plante, aucun ſigne de Sentiment. Tout nous y paroît purement méchanique. Sa vie nous ſemble moins une vie qu'une ſimple durée. Nous cultivons une Plante, ou nous la détruiſons, ſans éprouver rien de ſemblable à ce que nous éprouvons, lors que nous ſoignons un Animal, ou que nous le faiſons périr. Nous voyons la Plante naître, croître, fleurir & germer, comme nous voyons l'aiguille d'une horloge parcourir d'un mouvement insensible tous les points du cadran.

Non seulement la Plante nous paroît inanimée, considérée extérieurement, ou dans la suite de ses actions ; mais elle nous le paroît encore, considérée intérieurement, ou dans sa structure. L'Anatomie la plus fine & la plus recherchée, ne nous y découvre aucun organe qu'on puisse dire analogue à ceux qui sont le siége du Sentiment dans l'Animal.

Ce sont ces différentes considérations qui pourroient porter à regarder le *Sentiment*, ou l'*Organe* du Sentiment, comme un caractère propre à distinguer le Végétal de l'Animal. Mais il y a lieu encore de nous défier de la bonté de ce caractère. Nous l'avons observé ; tout est gradué ou nuancé dans la Nature ; nous ne pouvons donc fixer le point précis où commence le Sentiment ; il se pourroit qu'il s'étendît jusques aux Plantes, du moins jusques à celles qui sont les plus voisines des Animaux. Aprofondissons ceci un peu plus.

Le *Sentiment* est cette impression agréable ou désagréable que certains objets produisent sur un Etre organisé & animé, en vertu de laquelle il recherche les uns & fuit les autres. Nous jugeons de l'existence du Sentiment dans un Etre organisé, soit par la conformité ou l'analogie de ses Organes avec les nôtres, soit par la conformité ou l'analogie que nous remarquons entre les mouvemens qu'il se donne dans certaines circonstances, & ceux que nous nous donnerions fi nous étions placés dans les mêmes circonftances. La première manière de juger eft affez fure : il eft très-probable qu'un Etre organifé qui a des Yeux, des Oreilles, un Nez, eft doué des mêmes Sentimens que ces Sens excitent chez nous. La feconde manière de juger paroît moins fure, ou moins exempte d'équivoque; parce qu'il nous arrive fouvent de transporter aux autres Etres des Sentimens qui nous font propres.

Cependant lorfque nous voyons un Corps organifé dont la ftructure n'a aucun rapport avec la nôtre, & dans lequel nous ne découvrons pas même les Organes des Sens, fe contracter avec une extrême promptitude, à l'attouchement de quelque Corps; fe diriger vers la Lumière; étendre de longs Bras pour faifir les Infectes qui paffent auprès de lui; porter ces Infectes près d'une ouverture placée à fa partie antérieure; lors, dis-je, que nous voyons tout cela, nous n'héfitons guères à ranger ce Corps au nombre des Corps *animés*; & ce jugement eft très-naturel.

Retranchons à ce Corps fes longs Bras; réduifons-le à ne faire que fe refferrer & s'étendre : il n'en fera pas moins un Animal; mais les fignes par lesquels il nous manifeftera ce qu'il eft, feront moins nombreux & plus équivoques.

Otons-lui encore la faculté de fe refferrer & de s'étendre; ou du moins ne lui laiffons qu'un mouvement presqu'infenfible; le fond de fon être n'en fera pas changé; mais il deviendra plus obfcur pour nous. Tel eft à peu près l'état où fe trouvent les plus petites portions d'un Polype avant qu'elles ayent commencé à reprendre une Tête. Quelqu'un qui les verroit alors, méconnoîtroit, sans doute, leur véritable nature.

Ne seroit-ce point là le cas des Plantes, & ce Philosophe qui les définissoit des Animaux enracinés, n'auroit-il point dit une chose très-raisonnable ? Nous l'avons déja remarqué ; l'expression du Sentiment est rélative aux Organes qui le manifestent. Les Plantes sont dans une entière impuissance de nous faire connoître leur Sentiment, ce Sentiment est extrêmement foible, peut-être, sans volonté & sans désir, puis que l'impuissance où elles sont de nous le manifester, provient de leur organisation, & qu'il y a lieu de penser, que le dégré de perfection spirituelle répond au dégré de perfection corporelle.

Quoiqu'il en soit, en privant les Plantes du Sentiment, nous faisons faire un saut à la Nature, sans en assigner de raison ; nous voyons le Sentiment décroître par dégrés de l'Homme à l'Ortie ou à la Moule ; & nous nous persuadons qu'il s'arrête là, en regardant ces derniers Animaux comme les moins parfaits. Mais il y a peut-être encore bien des dégrés entre le Sentiment de la Moule & celui de la Plante. Il y en a, peut-être, encore davantage entre la Plante la plus sensible & celle qui l'est le moins. Les gradations que nous observons partout, devroient nous persuader cette philosophie : le nouveau dégré de beauté qu'elle paroît ajouter au système du Monde, & le plaisir qu'il y a à multiplier les Etres sentans, devroient encore contribuer à nous le faire admettre. J'avouerois donc volontiers que cette philosophie est fort de mon goût. J'aime à me persuader que ces Fleurs qui parent nos campagnes & nos jardins d'un éclat toûjours nouveau, ces Arbres fruitiers dont les Fruits affectent si agréablement nos yeux & notre palais, ces Arbres majeftueux qui compofent ces vaftes forêts que les tems femblent avoir refpec-tées, font autant d'Etres fentans qui goûtent à leur manière les douceurs de l'exiftence.

CHAPITRE XXXI.

Continuation du même fujet.

Nous avons vû qu'on ne trouvoit dans la Plan-te aucun Organe propre au Sentiment : mais fi la Nature a dû faire fervir le même inftrument à plufieurs fins ; fi Elle a dû éviter de multi-plier les pièces, c'eft affurément dans la conftruc-tion de Machines extrêmement fimples, tel que l'eft le Corps d'une Plante. Des Vaiffeaux que nous croyons deftinés uniquement à conduire l'Air ou la Sève, peuvent être encore dans la Plante le fiége du Sentiment ou de quelqu'autre faculté dont nous n'avons point d'idées. Les *Nerfs* de la Plan-te diffèrent, fans doute, autant de ceux de l'Ani-mal, que la ftructure de celle-là diffère de la ftruc-ture de celui-ci.

Les Plantes nous offrent quelques faits, qui fem-bleroient indiquer qu'elles ont du Sentiment : mais je ne fçais fi nous fommes bien placés pour voir ces faits, & fi la forte perfuafion où nous fommes depuis fi longtems, qu'elles font infenfibles, nous permet d'en bien juger. Il faudroit pour cela, être table rafe fur la queftion, & rappeller les Plan-tes à un nouvel examen plus important & plus exempt de préjugés. Un Habitant de la Lune, qui auroit les mêmes Sens & le même fond d'Esprit que nous, mais qui ne seroit point prévenu sur l'insensibilité des Plantes, seroit le Philosophe que nous cherchons.

Imaginons qu'un tel Observateur vienne étudier les productions de notre Terre, & qu'après avoir donné son attention aux Polypes, & aux autres Insectes qui multiplient de Boûture, il passe à la contemplation des Végétaux. Il voudra, sans doute, les prendre à leur naissance. Pour cet effet il semera des Graînes de différentes espèces, & il sera attentif à les voir germer. Supposons que quelques-unes de ces Graînes ont été semées à contre sens, la Radicule tournée vers le haut, la Plumule ou la petite Tige tournée vers le bas. Supposons en même tems, que notre Observateur sçait distinguer la Radicule de la Plumule, & qu'il connoît les fonctions de l'une & de l'autre. Au bout de quelques jours, il remarquera que la Radicule se sera élevée à la surface de la terre, & que la Plumule se sera enfoncée dans l'intérieur. Il ne sera pas surpris de cette direction, si nuisible à la vie de la Plante: il l'attribuera à la position qu'il avoit donnée à ces Graînes en les semant. Il continuera d'observer, & il verra bientôt la Radicule se replier sur elle-même, pour gagner l'intérieur de la Terre, & la Plumule se récourber pareillement, pour s'élever dans l'Air. Ce changement de direction lui paroîtra très-remarquable, & il commencera à soupçonner que l'Etre organisé qu'il étudie, est doué d'un certain discernement. Trop sage néanmoins, pour prononcer sur ces premières indications, il suspendra son jugement & poursuivra ses recherches.

Les Plantes dont notre Phyſicien vient d'obſerver la germination, ont pris naiſſance dans le voiſinage d'un abri. Favoriſées de cette expoſition, & cultivées avec ſoin, elles ont fait en peu de tems de grands progrès. Le terrein qui les environne à quelque diſtance, eſt de deux qualités très-oppoſées. La partie qui eſt à la droite des Plantes, eſt humide, graſſe & ſpongieuſe : la partie qui eſt à la gauche, eſt ſéche, dure & graveleuſe. Notre Obſervateur remarque que les Racines, après avoir commencé à s'étendre aſſez également de tous cotés, ont changé de route, & ſe ſont toutes dirigées vers la partie du terrein qui eſt graſſe & humide. Elles s'y ſont même prolongées au point, de lui faire craindre qu'elles n'interceptent la nourriture aux Plantes voiſines. Pour prévenir cet inconvénient, il imagine de faire un foſſé, qui ſépare les Plantes qu'il obſerve, de celles qu'elles menacent d'affamer, & par là il croit avoir pourvu à tout. Mais ces Plantes qu'il prétend ainſi maîtriſer, trompent ſa prudence : elles font paſſer leurs Racines ſous le foſſé, & les conduiſent à l'autre bord.

Surpris de cette marche, il découvre une de ces Racines, mais ſans l'expoſer à la chaleur : il lui préſente une éponge imbibée d'eau. La Racine ſe porte bientôt vers cette éponge. Il fait changer de place pluſieurs fois à celle-ci ; la Racine la ſuit, & ſe conforme à toutes ces poſitions.

Pendant que notre Philoſophe médite profondément ſur ces faits, d'autres faits auſſi remarquables s'offrent à lui presque en même tems. Il obſerve que toutes ſes Plantes ont quitté l'abri, & ſe ſont inclinées en avant, comme pour préſenter aux regards bienfaisans du Soleil toutes les parties de leur Corps. Il obſerve encore qne les Feuilles ſont toutes dirigées de manière, que leur ſurface ſupérieure regarde le Soleil ou le plein Air; & que la ſurface inférieure regarde l'abri ou le terrein. Quelques expériences qu'il a faites auparavant, lui ont apris que la ſurface ſupérieure des Feuilles ſert principalement de défence à la ſurface inférieure; & que cette dernière eſt principalement deſtinée à pomper l'humidité qui s'élève de la terre, & à procurer l'évacuation du ſuperflu. La direction qu'il obſerve dans les Feuilles, lui paroît donc très-conforme à ſes expériences. Il en devient plus attentif à étudier cette partie de la Plante.

Il remarque que les Feuilles de quelques Eſpèces ſemblent ſuivre les mouvemens du Soleil, enſorte que le matin elles ſont tournées vers le levant, le ſoir vers le couchant. Il voit d'autres Feuilles ſe fermer au Soleil dans un ſens, & à la Roſée dans un ſens oppoſé. Il obſerve un mouvement analogue dans quelques Fleurs.

Conſidérant enſuite, que quelle que ſoit la poſition des Plantes rélativement à l'horiſon, la direction des Feuilles eſt toûjours à peu près telle qu'il l'a d'abord obſervée, il lui vient en penſée de changer cette direction, & de mettre les Feuilles dans une ſituation préciſément contraire à celle qui leur eſt naturelle. Il a déja eu recours à de ſemblables moyens pour s'aſſurer de l'inſtinct des Animaux, & pour en connoître la portée. Dans cette vuë, il incline, à l'horiſon, des Plantes qui lui étoient perpendiculaires, & il les retient dans cette ſituation. Par là, la direction des Feuilles ſe trouve abſolument changée: la ſurface ſupérieure

qui auparavant regardoit le Ciel ou l'Air libre, regarde la Terre ou l'intérieur de la Plante ; & la
surface inférieure, qui auparavant regardoit la Terre
ou l'intérieur de la Plante, regarde le Ciel ou l'Air
libre.   Mais bientôt toutes ces Feuilles se mettent
en mouvement : elles tournent sur leur Pédicule
comme sur un pivot, & au bout de quelques heures elles reprennent leur première situation.   La
Tige & les Rameaux se redressent aussi & se dis-
posent perpendiculairement à l'horison.

Chaque portion d'une *Etoile*, d'une *Ortie*, d'un
Polype, a essentiellement en petit la même structure
que le tout a plus en grand.   Il en est de même
des Plantes.   Notre Observateur, qui ne l'ignore
pas, veut s'assurer si des Feuilles & des Rameaux
détachés de leur Sujet, & plongés dans des vases
pleins d'eau, y conserveront les mêmes inclina-
tions qu'ils avoient sur la Plante dont ils faisoient
partie ; & c'est ce que l'expérience lui prouve de
manière à ne lui laisser aucun doute.

Il place sous quelques Feuilles des éponges mouil-
lées.   Il voit ces Feuilles s'incliner vers les éponges & tâcher de s'y apliquer par leur surface inférieure.

Il observe encore que quelques Plantes qu'il a
renfermées dans son cabinet & d'autres qu'il a portées dans une cave, se sont dirigées vers la fenêtre
ou vers les soupiraux.

Enfin les phénomènes de la *Sensitive*, ses mouvemens variés, la promptitude avec laquelle elle se
con-

contracte lors qu'on en aproche la main, font le fujet intéreffant qui termine fes recherches. (*)

Accablé de tant de faits qui paroiffent tous dé-pofer en faveur du fentiment des Plantes, quel parti prendra notre Philofophe? Se rendra-t-il à ces preuves? ou fufpendra-t-il encore fon jugement en vrai Pyrrhonnien? Il me femble qu'il embraffera le premier parti, furtout s'il compare de nouveau ces faits avec ceux que lui offrent les Animaux qui fe raprochent le plus des Plantes.

Mais dira-t-on, votre Philofophe devroit com-prendre qu'il eft facile d'expliquer méchaniquement tous ces faits, qui lui paroiffent prouver que les Plantes font fenfibles. Il fuffit d'admettre que les Végétaux ont des Fibres qui fe contractent à l'hu-midité, & d'autres qui fe contractent à la féche-reffe. Cela eft vrai, & notre Philofophe le fçait très-bien: mais il fçait auffi qu'on a entrepris d'ex-pliquer méchaniquement toutes les actions des Ani-maux, non-feulement celles qui démontrent qu'ils ont du Sentiment, mais encore celles qui paroiffent prouver qu'ils font doués d'un certain dégré d'In-telligence. Procédé fingulier de l'Efprit humain! Pendant que quelques Philofophes s'efforcent d'an-noblir les Plantes en les élevant au rang d'Etres fentans, d'autres Philofophes s'efforcent d'abaiffer les Animaux, en les réduifant au rang de fimples Machines.

Au refte, le Lecteur judicieux comprend affez, que je n'ai voulu que faire fentir, par une fiction,

(*) Voyez Part. VI. Chap. 3. 4.

TOME II.   E

combien nos jugemens fur l'infenfibilité des **Plan**-
tes font hazardés. Je n'ai pas prétendu prouver
que les Plantes font *fenfibles* ; mais j'ai voulu montrer qu'il n'eft pas prouvé qu'elles ne le font point.

CHAPITRE XXXII.

La Nutrition.

Puis donc que la Faculté de fentir, ne nous
fournit qu'un caractère équivoque, pour diftinguer
le Végétal de l'Animal, quel fera celui auquel nous
aurons recours dans cette vuë ? Il femble que nous
les ayons tous épuifés. Nous les avons, du moins,
tous parcourus. Mais nous ne les avons pas tous
envifagés fous leurs différentes faces. Il en eft un,
qui confidèré fous un certain point de vuë, nous
procurera peut - être ce que nous avons cherché
vainement dans les autres.

Il s'agit de la pofition des Organes par lesquels
les Plantes & les Animaux reçoivent leur nourriture. Ces Organes font dans les Plantes, les **Ra**-
cines & les Feuilles. Les unes & les autres font
garnies de Pôres au moyen desquels elles pompent
le fuc nourricier. Ces Pôres aboutiffent à de petits Vaiffeaux, qui transmettent le fuc dans l'intérieur; ou plutôt ces Pôres ne font que l'extrêmité
de ces Vaiffeaux.

Les Animaux ont des Organes tout à fait analogues aux Racines & aux Feuilles. Je veux parler des *Veines lactées*, ou des Vaiffeaux qui en tiennent lieu. Ces Veines s'ouvrent dans les Inteftins

& y pompent le Chyle, qu'elles conduisent dans les voyes de la Circulation. (*)

L'Animal est donc un Corps organisé qui se nourrit par des Racines placées *au dedans de lui*. La Plante est un Corps organisé, qui tire sa nourriture par des Racines placées *à son extérieur*.

Voilà certes une différence bien légère entre la Plante & l'Animal: c'est pourtant tout ce que nous avons trouvé de plus distinctif parmi les divers caractères qui se sont offerts à notre examen. Il n'est pas même certain que ce nouveau caractère soit aussi distinctif qu'il a parû l'être, & que des découvertes imprévuës ne le détruisent point. Un Animal qui se nourriroit par toute l'habitude de son corps, ou par des Pôres distribués sur son extérieur, rendroit ce caractère insuffisant ou équivoque Le *Taenia* ne paroît pas s'éloigner beaucoup d'un tel Animal. Ce Ver, comme nous l'avons déja remarqué, est d'une prodigieuse longueur. Il forme dans les Intestins un grand nombre de plis & de replis; & quelquefois il remplit entièrement la capacité de ce canal. Chacun des anneaux qui le composent & dont la longueur n'est souvent que d'une à deux lignes, est percé d'une petite ouverture ronde, par laquelle on voit sortir le Chyle dont le Ver est plein, & qui fait sa principale nourriture. Si cette ouverture est une espèce de suçoir à l'aide duquel l'Insecte pompe le Chyle qui l'environne, cette manière de se nourrir ne diffère pas beaucoup de celle des Plantes. Il est vrai qu'on a découvert à l'extrêmité la plus effilée de ce Ver, une Tête;

(*) Voyez Chap. 27. & 28. de cette Partie.

E 2

pourvuë de quatre mammelons, qui ont parû autant de Pompes ou de Sucçoirs. Mais cette découverte ne détruit point la conjecture qu'on vient
de hazarder fur l'ufage des ouvertures ménagées dans
les Animaux.

On connoît une autre production animale, qui
paroît fe nourrir d'une manière qui a beaucoup de
rapport à celle dont les Plantes fe nourriffent. Cette production eft l'Oeuf d'une Mouche, qui pique
la Feuille du Chêne & qui y fait naître une Galle,
au centre de laquelle l'Oeuf fe trouve placé. Il
eft membraneux & d'un tiffu uniforme. On n'y
découvre aucune ouverture particulière par laquelle
il fe nourriffe. Cependant il eft certain qu'il fe
nourrit & qu'il prend beaucoup d'accroiffement.
Ce qui donne lieu de penfer, que fes Membranes
font conftruites avec un tel art, qu'elles pompent
les fucs qui les abreuvent. Lors qu'on ouvre des
Galles qui ne font que de naître, on y trouve l'Oeuf
encore très - petit. Il eft beaucoup plus gros
dans des Galles plus avancées. On conjecture même, avec vraifemblance, que l'accroiffement de
l'Oeuf opère celui de la Galle, & que la confomma-
tion continuelle des fucs, les détermine à s'y porter
avec plus d'abondance.

Mais fans aller chercher bien loin des exemples
d'Animaux qui fe nourriffent à la manière des Plantes, ce cas eft celui de tous les Animaux foit ovipares foit vivipares, pendant qu'ils font encore renfermés dans l'Oeuf, ou dans le Ventre de leur Mère. Les Vaiffeaux *ombilicaux* peuvent être regar-
dés comme des Racines qui vont puifer, dans les
matières de l'Oeuf ou dans la Matrice, les nourritures apropriées au Foetus. Il en eft de même des

Infectes qui multiplient *par Rejettons*. Pendant que le Petit tient encore à sa Mère, il paroît se nourrir d'une manière qui diffère peu de celle qui est propre aux Branches. Les Greffes animales se rapprochent aussi à cet égard des Greffes végétales.

Enfin, la Peau du Corps humain pompe, comme les Feuilles des Plantes, les vapeurs & les exhalaisons répanduës dans l'Air; & quoi que l'Homme tire bien moins de nourriture par cette voye, que n'en tirent les Végétaux, il demeure toûjours vrai que la Peau & les Feuilles ont en ce genre de grands raports. Peut-être découvrira-t-on quelque jour des Animaux qui ne se nourrissent que par leur Peau, comme certaines Plantes ne se nourrissent que par leurs Feuilles.

CHAPITRE XXXIII.

L'Irritabilité.

EST-CE donc en vain que nous cherchons un caractère propre à distinguer le Végétal de l'Animal? Devons-nous renoncer à cette recherche, & laisser au tems à résoudre ce problême? J'aperçois une nouvelle propriété qui nous fournira peut-être ce que nous avons cherché inutilement ailleurs. Voyons ce qu'il faut en penser.

Une Fibre *musculaire* se contracte ou se raccourcit d'elle-même à l'attouchement de tout Corps soit solide, soit liquide. Cette propriété, si remarquable, est connuë sous le nom d'*Irritabilité*. Nous l'avons entrevuë à la fin du Chapitre 2. de la Partie VII.

Elle n'a rien de commun avec la Senfibilité. Les Parties les plus fenfibles ne font point *irritables*, & les Parties les plus irritables ne font point *fenfibles*.

Il ne faut pas non plus confondre l'Irritabilité avec l'*Elafticité*. Une Fibre fèche eft très-élafti-que, & point du tout irritable. On ne foupçon-nera pas que des Animaux purement gélatineux foyent élaftiques, & ils font néanmoins très-irritables. On ne découvre point de Yeux au Polype ; il fe dirige pourtant vers la lumière, probablement par une fuite de l'Irritabilité exquife dont il eft doué. Enfin, les Fibres des Vieillards, quoi que beau-coup plus élaftiques que celles des Enfans, font bien moins irritables.

Si l'on prive un Mufcle quelconque de tout com-merce avec le Cerveau, foit en liant les Nerfs, foit en les coupant, & qu'on irrite ce Mufcle avec la pointe d'une aiguille ou avec une liqueur un peu acide, il entrera auffitôt en contraction, & l'on pourra lui faire répéter bien des fois le même jeu.

Nous avons vû (*) que le Coeur eft un vérita-ble *Mufcle*. Si on l'extrait de la Poitrine, il con-tinuera à fe mouvoir, jusques à ce qu'il ait perdu fa chaleur naturelle. Le Coeur d'une Vipère ou d'une Tortuë bat fort bien vingt à trente heures après la mort de l'Animal. L'Eau ou l'Air, in-troduits dans le *Ventricule*, fuffifent pour rendre au Coeur le mouvement qu'il a perdu.

Le mouvement *périftaltique* des Inteftins eft en-core dû à leur Irritabilité. Mais voici ce qu'on

(*) Partie VII. Chap. 4. & Chap. 27. de cette Partie.

n'auroit pas deviné. Si on les arrache promptement du Bas - ventre, & qu'on les coupe par morceaux, tous ces morceaux ramperont, comme des
Vers, & se contracteront au plus léger attouchement. Il n'est donc pas bien merveilleux, que
des Portions d'Insectes vivans, se meuvent encore
après leur séparation du Tout. Le fait, dont j'ai
parlé dans le Chapitre 2. de la Partie VIII. est du
même genre, & dépend du même principe.

Ainsi, non - seulement tout Muscle, mais encore
tout fragment de Muscle, & même toute Fibre
musculaire, se contractent plus ou moins à l'attouchement de quelque Corps que ce soit, surtout si
ce Corps est du genre des Stimulans. Et comme
la Fibre se contracte d'elle - même, elle se rétablit
aussi d'elle - même, & ce jeu alternatif dure un tems
proportionné au dégré de l'Irritabilité.

Un Physicien, qui a placé dans l'Ame la cause
de tous les mouvemens du Corps, a été réduit pour
expliquer ceux dont il s'agit ici, à supposer que
l'Ame est *divisible*. Il y a donc une portion d'Ame
ou une petite Ame dans chaque Muscle, dans chaque fragment de Muscle, dans chaque Fibre musculaire, dans l'Aiguillon de la Guêpe, dans la Queuë
du Lézard &c ? Mais l'Ame, qui perd un Membre, ne change point ; toujours même volonté,
mêmes idées, &c. L'Ame n'étoit donc pas dans ce
Membre, il n'appartenoit pas au fond de son Etre ;
il appartenoit encore moins à une autre Ame ; il
n'étoit pas . . . . mais j'ai déja trop insisté
sur une opinion qui choque autant le Sens commun
que la Métaphysique.

E 4

On fçavoit depuis bien des fiècles, que l'*Oreil-lette* & le *Ventricule* droits du ·Coeur étoient les Parties du Corps animal qui fe mouvoient le plus longtems après la mort. Il avoit été réfervé à un illuftre Moderne de nous découvrir la caufe de ce phénomène, & en général celle des mouvemens du Coeur. Nous avons admiré la merveilleufe Irritabilité de ce Mufcle. Le contact du Sang eft uniquement ce qui la déploye. Si on empêche le Sang d'agir fur l'Oreillette ou fur le Ventricule, tout mouvement ceffe à l'inftant, & on le fait renaître à l'inftant fi on laiffe rentrer le Sang. Il n'eft pas même befoin de Sang ; tout autre liquide produit des effets analogues, & nous avons vû, que l'Eau & l'Air agiffent ici comme le Sang.

Il réfulte de toutes les expériences fur l'Irritabilité, que les Parties *vitales* font les plus irritables. Le Coeur eft la plus irritable de toutes, & après lui les Inteftins & le Diaphragme.

La Fibre mufculaire eft compofée de deux principes très-différens, d'une *Terre* friable, & d'une espèce de Glû. C'eft dans celle-ci que l'Irritabilité réfide ; car on fent bien qu'une Terre friable n'eft pas propre à exécuter par elle-même des contractions & des relachemens alternatifs.

La nature de l'Irritabilité eft auffi inconnuë que celle de toute autre Force : nous n'en jugeons que par fes effets. Mais nous concevons très-bien, que la Fibre mufculaire doit avoir été conftruite fur des raports déterminés à la manière d'agir de cette force fecrette. L'espèce, la forme, & l'arrangement refpectif des Elémens de la Fibre font donc en raport direct avec cette force.

Elle réside probablement dans le fluïde élastique disséminé entre les Lamelles de la Fibre, car il ne suffiroit point de recourir à la structure primordiale de celle-ci pour rendre raison de son Irritabilité. Le Corps, indifférent au repos & au mouvement, ne l'est pas moins à toute sorte de situation. Les Elémens raprochés dans la contraction, ne se rétabliroient point sans l'intervention d'une force étrangère. Mais cette force suppose à son tour dans les Elémens des conditions particulières, & ce sont les conditions qui distinguent la Fibre *musculaire* de toute autre Fibre.

Les *Nerfs* ne sont point irritables ; cela est aujourd'hui bien démontré : mais si l'on pique un Nerf, le Muscle auquel il aboutit, entrera en contraction. Vous l'avez vû dans le Ver-à-soye. (*) Les Nerfs peuvent donc imprimer le mouvement aux Muscles ; ils ne leur communiquent pas une Irritabilité qu'ils ne possèdent pas eux-mêmes ; ils ne font que la mettre en action, & c'est ainsi qu'ils sont les ministres des volontés de l'Ame. Ils ne le font pourtant pas par eux-mêmes ; diverses expériences indiquent que c'est par l'entremise d'un fluïde très-subtil & très-actif. Le fluïde *nerveux* agiroit-il donc sur les Muscles comme un vrai *stimulant* ? accroitroit-il leur tendance naturelle à se contracter ?

L'*Irritabilité* paroît donc être ce qui constituë dans l'Animal la *Puissance vitale*. On n'a point encore aperçu cette propriété dans le Végétal. Seroit-elle ce caractère *distinctif* que nous cherchions ? Mais est-il bien sûr que les Végétaux ne soient

(*) Part. VIII. Chap. 2.

E 5

point *irritables* ? A - t - on foumis toutes leurs Parties aux épreuves requifes ? N'a - t - on point attribué à l'Elafticité de quelques - unes, des phénomènes qui dépendoient peut - être de l'Irritabilité ? Eft - il bien fûr que ces mouvémens, en apparence fi fpontanés, des Racines, des Tiges, des Feuilles, des Fleurs, &c. dont je parlois dans le Chapitre 31. ne doivent rien à l'Irritabilité ? Elle réfide dans la fubstance *gélatineufe* de l'Animal : à - t - on bien étudié la fubftance gélatineufe du Végétal ? Le Bois le plus dur n'a d'abord été qu'une *gélée*, & le Cédre majeftueux du Liban qu'une goute de mucofité. Une faine Logique veut que nous fufpendions encore notre jugement, & que nous attendions la décifion de l'expérience.

CHAPITRE XXXIV.

Conclufion.

DITES au Vulgaire que les Philofophes ont de la peine à diftinguer un Chat d'un Rofier : il rira des Philofophes, & demandera s'il eft rien dans le monde qui foit plus facile à diftinguer ? C'eft que le Vulgaire, qui ignore l'art *d'abftraire*, juge fur des idées *particulières*, & que les Philofophes jugent fur des idées *générales*. Retranchez de la notion du Chat & de celle du Rofier toutes les propriétés, qui conftituent dans l'un & dans l'autre l'Espèce, le Genre, la Claffe, pour ne retenir que les propriétés les plus générales, qui caractérifent l'Animal ou la Plante, & il ne vous reftera aucune marque vraiment *diftinctive* entre le Chat & le Rofier. Le parallèle que nous venons de faire des Plantes & des Animaux met ceci dans le plus grand jour.

On s'eſt preſſé d'établir des règles générales ſur la Nature des Plantes & des Animaux. On a voulu juger de l'inconnu par le connu, & on a renfermé la Nature dans les bornes étroites des connoiſſances actuelles. Peuvoit-on juger du *Polype* par les Animaux connus? Et les Animaux que nous croyons connoître, combien renferment-ils de propriétés que nous ignorons? Combien le nombre des Animaux & des Végétaux connus, eſt-il petit en comparaiſon de celui des Animaux & des Végétaux qui n'ont pas encore été découverts? Combien exiſte-t-il d'Animaux inconnus, dont les propriétés nous ſurprendroient autant que celles du Polype, & qui en diffèrent peut-être davantage, que les propriétés du Polype ne diffèrent de celles des Animaux qui nous ſont les plus familiers? Voyez combien les Polypes *à Bouquet* diffèrent des Polypes *à Bras* dans leur manière de vivre, de croître, de multiplier. Rappellez à votre Eſprit la manière de naître de la *Mouche-Araignée*, (*) & celle dont certains *Mille-pieds* (†) croiſſent & propagent, & vous comprendrez que l'Hiſtoire Naturelle eſt la meilleure Logique. Le Monde ne fait que de naître: nous n'obſervons que depuis une heure, & nous oſerions prononcer ſur les voyes de la NATURE!

Si, avant la découverte du Polype, on eût demandé aux faiſeurs de règles générales, ce qu'ils penſoient d'un Etre qui multiplie de boûture & par rejettons, & qui peut être greffé, ils n'auroient pas ſans doute manqué de répondre, que cet

(*) Part. IX. Chap. 7.
(†) Ibid. Chap. 14. de la Part. VIII. & Chap. 4. de la Part. IX.

Etre étoit une Plante.   Mais, fi on leur eût dit, que cet Etre vit de proye, qu'il fçait la faifir avec un filet, qu'il l'avale & la digère, ils auroient nommé cet Etre un *Animal-Plante*, & ils auroient crû l'avoir heureufement défini.   S'ils avoient enfuite apris, qu'il poffède une propriété inconnuë dans la Plante, celle de pouvoir être retourné comme un gand, ils auroient jugé apparemment, qu'un tel Etre n'étoit ni Animal ni Plante, & ils l'auroient placé dans une Claffe particulière.

Le Polype n'eft point, à parler exactement, un *Animal-Plante* : il eft encore moins un Etre qui n'appartienne ni à la Claffe des Animaux ni à celle des Végétaux : il eft un véritable Animal, mais un Animal qui a plus de raports avec la Plante, que n'en ont les autres Animaux.

La Nature descend par dégrés de l'Homme au Polype, du Polype à la Senfitive, de la Senfitive à la Truffe.   Les Espèces fupérieures tiennent toujours par quelque caractère aux Espèces inférieures ; celle-ci aux Espèces plus inférieures encore. Nous avons beaucoup contemplé cette Chaîne merveilleufe. (*) La Matière *organifée* a reçu un nombre presqu'infini de modifications diverfes, & toutes font nuancées comme les couleurs du Prisme. Nous faifons des points fur l'Image, nous y traçons des lignes, & nous appellons cela faire des Genres & des Claffes.   Nous n'apercevons que les teintes dominantes, & les nuances délicates nous échappent.

(*) Part. II, III, IV. VIII. Chap. 17.

Les Plantes & les Animaux ne font donc que des modifications de la Matiere organifée. Ils participent tous à une même Effence, & l'Attribut diftinctif nous eft inconnu. Nous penfions connoître les principales propriétés du Corps animal, l'*Irritabilité* eft venuë nous convaincre de notre ignorance, & cette nouvelle propriété, fur laquelle nous faifons tant & de fi curieufes expériences, ne nous eft encore connuë que par quelques *effets*.

ONZIÉME PARTIE.

DE L'INDUSTRIE DES ANIMAUX.

Introduction.

JUSQU'ICI nous n'avons guères envifagé les Animaux que du coté de l'Organifation, & de fes Réfultats les plus immédiats & les plus généraux.
Contemplons maintenant leur Induftrie, qui nous
intéreffe encore davantage. Nous ne nous fervirons
pas des yeux du Naturalifte ou de l'Obfervateur :
ils voyent trop de chofes & dans un trop grand
détail : nous n'employerons que ceux du Contemplateur, qui ne faififfent de chaque Genre, que
les traits les plus frapans, qui les parcourent rapidement, & laiffent fans ceffe échapper les détails.

CHAPITRE I.

Généralités sur l'Instinct des Animaux.

IL est des Animaux, qui semblent réduits au Toucher. D'autres ont tous nos Sens, & s'élèvent presque jusqu'à l'Intelligence. Du *Polype* au *Singe*, la distance paroît énorme.

L'Imagination & la Mémoire se font remarquer chez diverses Espèces : l'Imagination, dans leurs Rêves ; la Mémoire, dans le souvenir des choses qui les ont affectées. Les Lieux, les Personnes, les Objets animés & inanimés se retracent dans leur Cerveau, & elles agissent rélativement à ces représentations.

Le dégré de connoissance de chaque Espèce répond à la place qu'elle occupe dans le plan général. La sphère de cette connoissance s'étend à tous les cas où l'Animal peut se rencontrer naturellement. Et si par le fait de l'Homme ou autrement, l'Animal vient à être tiré de son cercle naturel, & que néanmoins il n'en soit point dérouté, l'on pourra en conclurre, que cette nouvelle situation a du raport avec quelqu'un des cas, auxquels la sphère de sa connoissance s'étend. Le plus ou le moins de facilité qu'il montrera alors dans son jeu, indiquera, si ce raport est prochain ou éloigné, direct ou indirect.

La manière dont les Animaux varient au besoin leurs procédés, fournit un des plus forts argumens contre l'opinion qui les transforme en pures Machines. Le Philosophe qui leur attribue une Ame, se fonde sur l'analogie de leurs Organes avec les nôtres, & de leurs actions avec plusieurs des nôtres. Ceux qui font cette Ame matérielle, oublient que la simplicité du sentiment est incompatible avec les propriétés de la Matière, & que la foi est très-indépendante de nos systèmes sur la nature de l'Ame.

Plus le nombre des cas auxquels la connoissance d'un Animal s'étend ou peut s'étendre est grand, & plus cet Animal est élevé dans l'Echelle.

La conservation de la Vie, la propagation de l'Espèce & le soin des Petits, sont les trois principales branches du sçavoir des Animaux, mais tous ne se font pas également admirer à ces trois égards.

L'*Huitre*, immobile sur la vase, ne sçait qu'ouvrir & fermer son Ecaille.

L'*Araignée* industrieuse tend un filet à sa proye. Elle attend en Chasseur patient, que quelqu'Insecte vienne donner dans ce piège. A peine l'a-t-il touché, qu'elle s'élance sur lui. Est-il armé ou trop vif? elle lui lie les Membres avec une adresse merveilleuse, & le réduit ainsi à ne pouvoir ni se défendre ni fuir.

Diverses Espèces d'Animaux vivent au jour le jour, sans s'embarasser du lendemain.

D'au-

D'autres qui femblent doués d'une forte de pré-voyance, conftruifent avec beaucoup d'art des ma-gazins, qu'ils rempliffent de différentes fortes de provifions ; tels font l'*Abeille* & le *Caftor*.

Parmi les Animaux qui vivent de proye , les uns comme l'*Aigle*, le *Lion* , attaquent à force ouverte. Les autres, comme l'*Epervier*, le *Renard*, joignent la rufe à la force. Les uns mettent leur vie en fu-reté par la fuite : d'autres en fe cachant fous terre ou fous l'eau : d'autres recourent à diverfes rufes qui affurent leur fuite , & déroutent leur Ennemi. Le Lièvre fournit un exemple familier de ceux - ci. D'autres enfin oppofent la force à la force.

Les Philofophes qui fe tourmentent à définir l'*In-ftinct*, ne fongent pas, que pour y parvenir, il fau-droit paffer quelque tems dans la Tête d'un Ani-mal, fans devenir Animal. Dire en général, que l'Inftinct eft le Réfultat de l'impreffion de certains Objets fur la Machine , de la Machine fur l'Ame, & de l'Ame fur la Machine ; c'eft fubftituer des termes un peu moins obfcurs à un terme très-obfcur ; mais l'idée ne fort point des ténèbres épaiffes qui la couvrent. Nous fçavons bien ce que l'Inftinct n'eft pas , & point du tout ce qu'il eft. Il n'eft pas l'Intelligence, la Raifon. La Brûte n'a ni nos notions ; ni nos idées *moyennes* ; c'eft qu'elle n'a pas nos *fignes*.

CHAPITRE II.

Sageſſe dans la Conſervation des Eſpèces.

EN même tems que la NATURE a apris à divers Animaux la manière d'attaquer & de pourſuivre leur proye, ELLE a apris à d'autres celle de ſe défendre ou d'échapper. Si nous avions communication des Livres de la Nature, nous y verrions, ſans doute, que le profit balance conſtamment la perte. Un Régître des Naiſſances & des Morts de quelques Eſpèces, mettroit cette vérité en évidence.

Les Eſpèces qui multiplient le plus, ont le plus d'Ennemis. Les *Chenilles* & les *Pucerons* ſont attaqués tant au dedans qu'au dehors, par je ne ſçaïs combien d'Inſectes, toûjours occupés à détruire les Individus, & qui ne parviennent point à détruire l'Eſpèce.

Beaucoup d'Eſpèces cherchent leur vie ou leur retraite dans l'intérieur de la Terre, ou dans celui des Plantes & des Animaux.

D'autres ſe conſtruiſent avec un art merveilleux des Nids ou des Coques, où elles paſſent les tems d'inaction & de foibleſſe.

D'autres plus habiles encore, ſçavent comme nous, ſe faire des habits, & des matières même dont elles se nourrissent. Elles dépouillent nos draps & nos fourrures de leurs poils, & en fabriquent avec de la soye, une espèce d'etoffe, dont elles se vêtissent. La forme de leur habit est très-simple ; mais très-commode. C'est une sorte de manchon ou de fourreau, qu'elles entendent à allonger & à élargir au besoin. Elles l'allongent, en ajoûtant à chaque bout de nouvelles couches de soye & de poils ; elles l'élargissent, comme nous élargissons une manche, en le fendant par le milieu suivant sa longueur, & en y mettant une pièce. Vous devinez que je parle des *Teignes domestiques* ; les Teignes *champêtres*, qui se font des habits de Feuilles, les surpassent encore en industrie. Nous jetterons ailleurs un coup d'oeil sur leur travail.

Plusieurs Espèces de *Poissons* & d'*Oiseaux* changent, à tems marqué, de demeures ou de climats. On connoit les nombreuses Caravanes des *Harangs* & des *Moruës*, & les épaisses Nuées d'*Oyes* de *Cailles*, de *Corneilles* &c. qui quelquefois obscurcissent l'Air. C'est par de telles émigrations périodiques que ces Espèces se conservent, & dans leurs longs pélérinages la Nature est leur Pilote & leur Pourvoyeur.

CHAPITRE III.

La Propagation de l'Espèce.

LE *Polype*, privé de Sexe, ne connoît point les plaisirs de l'amour. Le *Papillon*, plus heureux, voltige autour de sa Femelle, & sollicite par ses feux des faveurs, qu'elle ne semble d'abord lui refuser que pour mieux enflammer ses désirs. La

Reine - Abeille, placée au milieu d'un Serrail de Mâles, choisit celui qui lui plait le plus, & dompte par ses agasseries sa froideur & son indolence naturelles. Le *Crapaud* tient sa Femelle embrassée pendant quarante jours, & lui sert d'Accoucheur lorsque le tems de sa délivrance est venu. Le fier *Taureau*, dédaignant de folâtrer autour de la jeune Genisse, s'élance sur elle avec impétuosité. Le *Pigeon*, fidèle à sa Compagne, ne prodigue point à d'autres ses caresses. Le *Coq* moins réservé dans ses amours, partage les siennes entre plusieurs Poules.

Voyez encore les soins empressés, que les Mâles de plusieurs Espèces prennent de leurs Femelles, soit en leur faisant part des nourritures qu'ils découvrent ; soit en les soulageant dans leur travail ; soit enfin en les défendant contre les insultes de leurs semblables ou de leurs Ennemis.

CHAPITRE IV.

Réflexions sur la Multiplication par le Concours des Sexes.

CE concours ne nous frappe point, parce qu'il est toûjours sous nos yeux ; mais, lors qu'on vient à l'examiner philosophiquement, il surprend autant qu'il embarasse ; sur - tout quand on songe à ce qui se passe chez les Pucerons, (*) & chez les Polypes. (**)

(*) Part. VIII. Chap. 8.
(**) Ibid. Chap. 11, 12, 13, 15.

De là, naît une question : quelle est la raison métaphysique du concours des Sexes ? Cette raison, comme celle de tous les Systèmes *particuliers*, est dans le Système *général*, dont notre foible vuë ne peut saisir que quelques portioncules. Bornons-nous donc ici, à observer le fait, & ses conséquences immédiates ou médiates.

On voit d'abord, que la distinction de Sexes, donne lieu à une espèce de société entre le Mâle & la Femelle, d'où résultent des avantages communs à l'un & à l'autre, & qui s'étendent encore aux Individus qui proviennent de leur union.

On observe, que les Animaux féconds par eux-mêmes, vivent sans paroître former de véritables sociétés, quoique rassemblés en grand nombre dans le même lieu. On remarque encore, qu'ils ne prennent aucun soin de leurs Petits. Il est vrai, que ces derniers ont été mis en état de se passer de leur secours.

Autre remarque : les Animaux féconds par eux-mêmes, multiplient prodigieusement, & avec une extrême facilité. La Terre n'auroit pas suffi à contenir & à entretenir les Espèces qui la peuplent, si toutes avoient été douées d'une pareille fécondité. La dépendance absoluë & mutuelle des deux Sexes, rend la Propagation moins sûre, moins abondante, moins facile que chez de tels Hermaphrodites. Ainsi les mêmes moyens qui opèrent la Multiplication de la plûpart des Animaux, lui servent en même-tems de barrière ou de frein.

F 3

Enfin la diftinction de Sexes répand dans la Nature une agréable variété, & donne plus d'étenduë aux divers fervices que l'Homme tire des Animaux.

C'eft un grand argument en faveur des *fins*, que ce mouvement fecret qui porte les deux Sexes à fe chercher & à s'unir. Ce mobile, inhérant à la nature de l'Animal, ne dépend point de caufes étrangères. Il agit dans les Animaux élevés en folitude comme dans ceux qui vivent en fociété. La température de l'air, les alimens, l'éducation, & d'autres circonftances, peuvent bien modifier fon jeu; mais non le détruire. Et encore, quelle foule de raports très - compliqués entre les Organes propres à chaque Sexe, & entre les Organes correfpondans des deux Sexes! Combien de fins particulières qui tendent toutes ici vers une fin générale! Que de liaifons, que de convergence dans les moyens! Que d'utilités dans le but, & de conféquences de tout cela!

Le plus fouvent il eft dans les Femelles des tems marqués pour la Génération: les Mâles les attaqueroient vainement en d'autres tems: elles les repousferoient ou fe fouftrairoient à leurs recherches. La raifon de cet ordre eft fenfible: la Génération auroit été troublée ou interrompuë, fi les Femelles avoient reçu les Mâles en tout tems.

CHAPITRE V.

Le Lieu & l'Arrangement des Oeufs, & le Soin des Petits.

LA *Sauterelle*, le *Lézard*, la *Tortuë*, le *Crocodile* fourniffent des exemples d'Animaux qui ne prennent presque aucun foin de leurs Oeufs, & qui n'en prennent point du tout des Petits qui en éclofent. Ils pondent dans la terre ou dans le fable, & laiffent au Soleil le foin d'échauffer leurs Oeufs. Les Poiffons à Ecailles en ufent de même : les uns frayent dans l'eau, les autres entre les cailloux ou dans le fable.

L'Inftinct de différentes Espèces fe borne à placer les leurs dans des endroits où les Petits trouveront à leur naiffance des nourritures convenables. Les Mères ne fe méprennent point là-deffus. Le *Papillon* de la Chenille *du Choû*, ne va point pondre fur la Viande, ni la *Mouche de la Viande*, fur le Choû.

Le *Coufin*, qui voltige dans l'air, a d'abord été Habitant de l'eau. C'eft auffi fur l'eau qu'il va dépofer fes Oeufs. L'amas qu'ils compofent a de l'air d'une petite Nacelle que l'Infecte fçait mettre à flot. Chaque Oeuf a la forme d'une Quille. Toutes les Quilles font verticales, & adoffées les unes aux autres. Le Coufin ne pond qu'un Oeuf à la fois. On ne devine pas, comment il parvient à faire tenir fur l'eau le premier Oeuf ou la première Quille. Son procédé eft pourtant très-fimple, & n'en eft que plus ingénieux. Il porte en arrière fes plus longues Jambes; il les croife, & c'eft dans l'angle qu'elles forment alors, qu'il reçoit le premier Oeuf, & qu'il le tient affujetti. Un fecond Oeuf eft bientôt dépofé contre le premier; puis un troifième, un quatrième, &c. La bafe de la Piramide s'élargit ainfi peu à peu, & elle fe foutient enfin par elle-même.

Quelques Efpèces collent leurs Oeufs avec beaucoup de fymétrie & de propreté autour des Branches ou des menus Jets des Arbres, en manière de bagues ou d'anneaux. On diroit qu'une main adroite ait pris plaifir à ajufter à ces Jets des Braffelets de Perles. Une Chenille que la diftribution de fes couleurs a fait nommer *Livrée*, fe transforme en un Papillon, qui arrange ainfi fes Oeufs, & qui en compofe de ces jolis Braffelets.

D'autres Papillons font plus encore, ils fe dépouillent de leurs Poils, & en conftruifent à leurs Oeufs une efpèce de Nid, où ils repofent mollement & chaudement. Tel eft en particulier, le procédé induftrieux du Papillon de la Chenille appellée *Commune*, parce qu'elle eft en effet la plus commune dans nos contrées.

Certaines Efpèces font fi attachées à leurs Oeufs, qu'elles les portent partout avec elles. L'Araignée *Loup* renferme les fiens dans une petite Bourfe de foye, dont elle charge fon derrière. Vient-elle à la perdre ou vient-on à la lui enlever? fa vivacité & fon agilité naturelles l'abandonnent: elle femble tomber dans une forte de langueur. Eft-elle affez heureufe pour recouvrer le précieux dé-pôt ? elle s'en faifit à l'inftant, l'emporte & fuit. Dès que les petites Araignées font éclofes, elles fe raffemblent & s'arrangent adroitement fur le Dos de leur Mère, qui continuë encore quelque tems à leur donner fes foins, & à les transporter partout avec elle.

Une autre Araignée loge fes Oeufs dans une petite Bourfe de foye, qu'elle enveloppe d'une Feuil-le. Elle fe pofe fur cette Bourfe, & couve fes Oeufs, avec une affiduité merveilleufe. Une autre enfin, renferme les fiens dans deux ou trois petites Boules de foye, qu'elle fufpend à des fils, mais avec la précaution de fufpendre au devant & à quelque diftance un petit paquet de Feuilles fèches, qui les dérobe aux regards des Curieux.

Diverfes Espèces de Mouches *folitaires*, ne fe font pas moins admirer, par leur prévoyance à amaffer des provifions pour leurs Petits, que par l'art qui brille dans les Nids qu'elles leur prépa-rent. L'Abeille *Maçonne*, ainfi nommée parce qu'elle fçait, comme nous, l'art de bâtir, exécu-te en maçonnerie des ouvrages, qui fembleroient devoir furpaffer de beaucoup les forces d'une Mou-che. Avec du fable, choifi grain à grain, & lié avec une forte de ciment, bien préférable au nô-tre, elle conftruit à fa Famille, une Maifon, à la vérité très-fimple ; mais également folide & com-mode. Elle eft divifée intérieurement en plufieurs chambres ou logettes, adoffées les unes aux au-tres, & qui ne doivent point communiquer enfem-ble. Une Enveloppe générale, qui eft, pour ainfi

dire, un mur de clôture, les renferme toutes, &
ne laiſſe au dehors aucune ouverture. Il faut bri-
ſer ce mur pour voir les chambres, & on lui trouve la dureté de la pierre. Ces Nids ſont très-com-
muns ſur les faces des maiſons : ils y paroiſſent
comme des monticules ovales, d'un gris différent de
celui de la pierre. La Mouche, qui eſt l'Archi-
tecte de ces petits Bâtimens, dépoſe dans chaque
chambre, un Oeuf, & y renferme en même tems
une proviſion de Cire ou de *Pâtée*, qui eſt la nourriture apropriée à ſes Petits.

Une autre Mouche, qu'on pourroit appeller l'A-
beille *Charpentière*, (*) parce qu'elle travaille en
Bois, conſtruit auſſi des Logemens à ſa Famille ;
mais dans un autre goût que la *Maçonne*. Tantôt
elle diſtribuë les chambres par étages ; tantôt elle
les dispoſe en enfilade. Des planchers ou des cloi-
ſons artiſtement façonnés, ſéparent tous les étages
ou toutes les chambres, & dans tous eſt dépoſé
un Oeuf, avec la meſure de Pâtée néceſſaire au
Petit.

Ces divers ouvrages exigent en général moins
d'adreſſe & de génie, que de travail & de patience. Il y a bien autrement d'art & de ſagacité
dans le Nid, qu'une autre Mouche conſtruit avec
de ſimples morceaux de Feuilles. Ce Nid eſt un
vrai prodige d'induſtrie. Quand on le décompoſe,
& qu'on en examine de près toutes les pièces, on
ne ſçauroit comprendre comment une Mouche a pû
parvenir à les tailler, à les contourner, & à les as-
ſembler avec tant de propreté & de préciſion. Vû
par dehors, ce Nid reſſemble très-bien à un étui

(*) L'Abeille *Perce-Bois*.

de cure - dens. L'intérieur eſt diviſé en pluſieurs cellules, qui ont la forme d'un dé à coudre, & qui ſont emboîtées les unes dans les autres, comme les dés le ſont chez le Marchand. Chaque dé eſt compoſé de pluſieurs pièces, qui ont été taillées ſéparément ſur une Feuille, & dont la figure, les contours & les proportions répondent à la place que chacune doit occuper. Il en eſt de même des pièces qui forment l'étui ou l'enveloppe commune. En un mot; il règne dans ce petit chef-d'oeuvre tant de juſteſſe, de ſymétrie, de raports & d'habileté, qu'on ne croiroit point qu'il fût l'ouvrage d'une Mouche, ſi l'on ne ſçavoit à quelle école elle a apris à le conſtruire. On devine aſſez que chaque dé eſt le logement d'un Petit; mais ce qu'on n'imagine pas, c'eſt que la Pâtée que ſa Mére aproviſionne pour lui, eſt preſque liquide, & que la cellule, toute compoſée de petits morceaux de Feuilles, eſt pourtant un vaſe ſi bien clos, que cette Pâtée ne ſe répand point, lors même que le vaſe eſt incliné.

C'eſt moins pour elles-mêmes, que pour leurs Petits, que les Abeilles *Républicaines* conſtruiſent ces Gâteaux dont l'ordonnance & les proportions ſont déterminées ſur les règles de la plus fine Géométrie. Une partie des cellules dont ils ſont compoſés ſert de berceaux aux Petits; & comme ceux-ci ſont de trois grandeurs, les Abeilles conſtruiſent auſſi de trois ordres d'alvéoles. Chaque jour elles apportent à manger à leurs nourriſſons, & par une attention ſingulière, elles proportionnent la nourriture à leur âge & à leurs forces. Elles ont encore ſoin d'entretenir autour d'eux une chaleur toûjours à peu près égale, en ſe raſſemblant ſur leurs cellules dans les jours froids, & en s'en éloignant dans les jours chauds. Enfin; lorsque le tems est venu, où les Petits n'ont plus besoin de nourriture, & où ils doivent se préparer à la métamorphose, elles ferment exactement leurs alvéoles avec un couvercle de Cire. L'Instinct de la Mère Abeille dans le choix des cellules pour y déposer ses Oeufs, est aussi très-remarquable. On ne la voit point loger un Oeuf de Mâle dans une cellule d'Ouvrière, ni un Oeuf d'Ouvrière dans une cellule de Mâle.

Les Petits de différentes, Espèces de Mouches font carnaciers, & ne se nourrissent que d'Animaux vivans. Les Mères renferment donc dans leurs Nids, les unes de petites Araignées; les autres, de petites Mouches; d'autres de petits Vers, qu'elles assujettissent contre les parois de la cellule, & qu'elles arrangent les uns sur les autres en manière de cerceaux. Le Petit dévore successivement ces malheureuses Victimes, condamnées à lui servir de pâture, & lors qu'il a achevé de dévorer la dernière, le tems est arrivé, où il n'a plus besoin de manger; & où il a pris son parfait accroissement.

D'autres Mouches ont été instruites à aller déposer leurs Oeufs dans le Corps des Insectes vivans ou dans leurs Nids. Ni l'agilité de ces Insectes, ni les armes offensives & déffensives dont ils sont pourvûs, ni la solidité ou l'épaisseur des parois de leurs Logemens, ne sçauroienr triompher de l'adresse, du courage & de la viligance des (*) *Ichneumons.*

(*) C'est le Nom que les Naturalistes ont donné aux Mouches qui vont déposer leurs Oeufs dans le Corps des Insectes vivans. Ce Nom est pris de l'*Ichneumon*; espèce de Rat d'Egypte, qui détruit les Oeufs du Crocodile.

Les procédés analogues de quelques-autres Mouches font encore plus frapans. L'une se tient à l'entrée de l'Anus des Chevaux, & attend le moment où il doit s'ouvrir, pour se glisser dans les Inteftins, & y dépofer fes Oeufs. Une autre entre dans le Nez des Moutons, & va pondre dans les Sinus frontaux. Une autre, plus hardie encore, enfile les Conduits nafeaux du Cerf, descend dans fon Palais, & dépofe fes Oeufs dans deux Bourfes charnuës, placées à la racine de la Langue.

Comme il eft des Espèces qui dépofent leurs Oeufs dans l'intérieur des Animaux vivans, il en eft un bien plus grand nombre, qui dépofent les leurs dans l'intérieur des Végétaux. Il n'eft aucune de leurs parties qui ne ferve de retraite & de pâture à un ou plufieurs Infectes. Une Mouche pique la Feuille du Chêne ; elle y fait naître une *Galle*, au centre de laquelle un Oeuf eft logé. Nous avons vû (*) que cet Oeuf fingulier croît comme un Animal. En croiffant, il fait croître la Galle ; le Petit qui en éclos, trouve ainfi en naisfant le logement & la nourriture. Une autre Mouche, à l'aide d'une fçie admirable, pratique dans les Branches du Rozier, des cellules, qu'elle dispofe fymétriquement, & dans chacune desquelles elle pond un Oeuf.

(*) Part. VIII. Chap. 6.

CHAPITRE VI.

Continuation du même Sujet.

Les Oiseaux.

CHEZ les Oiseaux, la Femelle n'est pas chargée seule du travail; le Mâle le partage. La simplicité de leur architecture est admirable. Le Nid est creux, & de forme à peu près hémisphérique, pour mieux concentrer la chaleur. Il est revêtu de matériaux plus ou moins grossiers, destinés à servir de base & de défense au petit édifice. Il est garni intérieurement de Plumes, de Crin, de Cotton ou d'autres Matières propres à fournir aux Petits un lit chaud & mollet. Que d'attentions à bien asseoir le Nid, & à le mettre à l'abri de la pluye & des insultes des Animaux! Quelle assiduité, quelle constance dans l'incubation! Voyez encore la précaution que prend la Femelle de retourner les Oeufs pour les échauffer partout également, & l'Instinct qui la porte à les piquer, afin d'aider aux Petits à éclorre. Sont-ils éclos? que de nouveaux soins ne se donnent point le Père & la Mère pour les pourvoir des nourritures qui leur conviennent! Avec quelle prudence, avec quelle égalité ne sçavent-ils point distribuer cette nourriture! Quelle vigilance sur tout ce qui pourroit nuire à la petite Famille! Quel courage à la défendre! Quels soins, quelle sollicitude, quelle intelligence dans la manière de la rassembler sous leurs Ailes,

de la conduire, de l'exciter & de la dreſſer au
vol !

CHAPITRE VII.

Continuation du même Sujet.
Les Quadrupèdes.

ILS allaitent leurs Petits ; ils les lèchent, &
guériſſent par ce moyen leurs playes, en particulier
celle du Cordon ombilical. Ils les transportent au
beſoin d'un lieu dans un autre. Ils les raſſemblent,
les protègent, les conduiſent. Chez les Eſpèces
carnacières, quels mouvemens ne ſe donnent point
les Mères pour fournir leurs Petits de chair ! Avec
quel art ne les élèvent-elles pas à courir ſur leur
proye, à s'en jouer, à la dépècer ! Que de variétés n'offrent point en ce genre différentes Eſpèces de Quadrupèdes ! & comment les parcourir
toutes !

CHAPITRE VIII.

Réflexions ſur l'Amour des Animaux
pour leurs Petits.

CET Amour eſt un principe très-actif, qui éga-
& ſurpaſſe même quelquefois en force, celui qui
porte chaque Individu à pourvoir à ſa propre conſervation. On voit les Pères & les Mères ſoutenir de rudes travaux, & s'expoſer aux plus grands
dangers pour fournir de la nourriture à leurs Petits, ou pour les ſecourir dans le beſoin. On ne lit
point ſans émotion l'Hiſtoire d'une Chienne, qui

tandis qu'on la difféquoit, se mit à lècher ses Petits, comme s'ils eussent charmé ses soufrances, & qui lors qu'on les éloignoit, pousoit des cris plaintifs.

Pour mieux assurer le sort des Petits, la Nature n'auroit-elle point intéressé l'affection des Mères, en disposant les choses de manière que les Petits deviennent pour elles une source de sensations agréables & d'utilités réelles?

Quelques faits semblent confirmer cette conjécture. L'action d'allaiter est la plus importante de toutes pour les Petits; puis que leur vie en dépend immédiatement. Les Mammelles ont été faites avec un tel art, que la succion & la pression des Petits, excitent dans les Nerfs qui s'y distribuent, un leger ébranlement, une douce commotion, qui est accompagnée d'un sentiment de plaisir. Ce sentiment soutient l'affection naturelle des Mères, s'il n'en est une des principales causes. On en peut dire de même de l'action de lècher, qui d'ailleurs est réciproque. Enfin les Mères sont quelquefois incommodées de l'abondance de leur lait; les Petits les soulagent en les têtant.

La chose n'est pas si sensible chez les autres Animaux, qu'elle l'est chez les Quadrupèdes; mais c'est peut-être parce qu'on ne s'est pas encore avisé de tourner ses recherches de ce coté-là. On peut cependant observer par raport aux Petits des Oiseaux, & particulièrement par raport aux Poussins qu'ils font sentir à la main qui repose sur eux, une espèce de petit frémissement universel, plus sensible apparemment à la Poule, dont le Ventre alors dé dépourvû de plumes, eft doué d'un fentiment très-délicat. Ce frémiffement ébranle légèrement les Papilles nerveufes, y excite de petites vibrations, d'où réfulte un chatouillement modèré, caufe de plaifir. La chaleur douce que la Mère & les Petits fe communiquent réciproquement, doit encore entrer ici en ligne de compte.

L'*Incubation* paroît un Myftère plus difficile à pénétrer. On ne conçoit point ce qui peut retenir des femaines entières fur fes Oeufs, un Oifeau qui n'a jamais couvé, & qui par conféquent n'a pû avoir apris de l'expérience que de ces Oeufs doivent éclorre des Petits. On pourroit cependant douter s'il n'en eft point de ceci, comme de la faim & de la foif, ou du défir de propager l'Efpèce, dont les caufes réfident principalement dans la conftitution de l'Animal ou dans les mouvemens inteftins de certaines humeurs. Un indice que l'Incubation pourroit n'être que l'effet d'un befoin naturel, eft qu'on voit des Poules couver des morteaux de Craye, de petits Cailloux & des Oeufs d'Efpèce très-différente de la leur. L'Inftinct eft, ce femble, plus fûr dans fon difcernement.

A l'égard de la conftruction du Nid, elle a peut-être une liaifon fecrette & phyfique avec le befoin de pondre, en vertu de laquelle la Femelle eft excitée à travailler. Le Mâle peut l'être par quelqu'autre befoin analogue ou par l'imitation. Et quant à l'architecture, comme elle eft uniforme dans chaque Efpèce, elle pourroit dépendre en dernier reffort, de la forme du Corps de l'Oifeau, de la ftructure & des proportions de fon Bec & de fes

Pieds, qui font les inftrumens rélatifs à cette architecture.

La méprife des Poules qui couvent des morceaux
de Craye ou des Oeufs d'Espèce différente de la
leur, prouve que la Nature a laiffé à fes Agens
une certaine latitude, entre les limites de laquelle,
outre la fin principale, qui ne fçauroit manquer
de s'obtenir par ce moyen, font encore renfermées
des fins particulières ou fécondaires.

L'Education des Petits eft la fin principale de
l'affection des Mères pour eux. Lors qu'ils ont
été mis en état de gagner leur vie, non-feulement
cette affection ceffe, mais elle fe change encore en
haine : les Mères les chaffent d'auprès d'elles, &
les forcent ainfi à faire ufage des moyens qui leur
ont été donnés pour fubfifter.

C'eft peut-être par une raifon oppofée, que certaines Mères ôtent la vie à ceux de leurs Petits
qui ne font pas bien venans, ou qui ont été mis
dans une fituation incompatible avec celle que requiert la manière de les élever. Les Petits des
Abeilles doivent naître, croître & fe transformer
dans des cellules couchées horizontalement : cette
pofition vient-elle à changer? les Abeilles arrachent
de ces cellules les Petits, & les mettent à mort.

Des expériences fur cette matière, faites dans
l'efprit de ces réflexions, y répandroient du jour
& feroient naître de nouvelles idées.

CHAPITRE IX.

Du Naturel des Animaux.

LA Nature a donné à chaque Animal, un *Caractère* qui lui est propre, & qui se manifeste au dehors par une disposition particulière à certains actes, par l'air, par la contenance, par la démarche, en un mot, par toute l'habitude extérieure ou l'ensemble de l'Animal. Ce caractère est, pour ainsi dire, au *psychologique*, ce que la différence générique ou spécifique est au *physique* ; mais les raports sont tout autrement faciles à fixer dans ce dernier, que dans le premier ; sans doute parce que nous manquons de ces recherches fines & profondes, nécessaires pour éclairer un sujet de cette nature. Le courage du Lion, la férocité du Tigre, la voracité du Loup, la fierté du Coursier, la gloutonnerie du Porc, la stupidité de l'Ane, la docilité du Chien, la malice du Singe, la finesse du Renard, la subtilité du Chat, la douceur de l'Agneau, l'indolence du Paresseux, la timidité du Lièvre, la vivacité de l'Écureuil, sont des exemples auxquels on peut rapporter beaucoup d'Espèces de différentes Classes.

Ces divers caractères sont susceptibles de modifications. On apprivoise, jusqu'à un certain point, les plus féroces : l'Ours & le Lion peuvent acquérir une certaine docilité, & se soumettre à la direction d'une main également adroite & courageuse. Mais le Naturel qui ne sçauroit être détruit, reparoît toûjours ; & l'Ours demeure Ours , & le Lion, ne cesse point d'être Lion.

La possibilité de ployer ou de modifier jusqu'à un certain point le naturel des Animaux, & de lui faire prendre des impressions nouvelles, est une suite de l'Instinct qui les porte à rechercher ce qui est utile à leur conservation , & à éviter au contraire ce qui peut lui nuire. La faim & la crainte sont les deux grands mobiles qui les déterminent, & l'Homme sçait mettre en oeuvre ces mobiles.

Remarquons ici l'attention de l'AUTEUR de la Nature , à éloigner de nos demeures les Animaux féroces, & à révêtir de qualités sociables ceux qui doivent vivre auprès de nous. SA SAGESSE a caché à ceux-ci leurs forces , & un nombreux Troupeau de Boeufs plie sous la baguette d'un Enfant.

CHAPITRE X.

Des Sociétés Animales en général.

C'EST une grande distinction des Animaux que celle en *solitaires*, & en *sociables*. On peut distribuer les Sociétés des Animaux en deux classes générales : en Sociétés *improprement dites*, ou celles dont les Individus ne travaillent point de concert aux mêmes ouvrages, & en Sociétés *proprement ainsi nommées*, ou celles dont les Individus travaillent en commun.

Le gros & le menu Bétail, les diverses Espèces d'Oiseaux domestiques & de passage, les Espèces de Poissons, qui nagent par troupes, plusieurs Espèces d'Insectes qui se tiennent rassemblés dans le même lieu, tels que les Pucerons, les Gallinsectes, &c. fournissent des exemples de Sociétés de la première classe.

Les Sociétés de la seconde classe s'observent chez quelques Espèces de Chenilles & de Vers, chez les Abeilles, les Guêpes, les Bourdons, les Fourmis, les Castors, &c.

CHAPITRE XI.

Les Sociétés improprement dites.

Ces Sociétés sont formées de la réünion de plusieurs Individus, que des besoins ou des avantages communs rassemblent dans le même lieu. Mais, tandis que dans les Sociétés proprement dites, chaque Individu travaille pour le bien commun, dans les Sociétés improprement dites, chaque Individu agit principalement pour soi, & ce n'est que dans certaines circonstances, que tous les Individus concourent pour la défense ou l'intérêt commun.

Un Troupeau de Boeufs paît dans une prairie : un Loup paroît : le Troupeau forme aussi-tôt un bataillon, & présente les cornes à l'Ennemi. Cette disposition guerrière le déconcerte, & l'oblige à se retirer.

En hiver, les Biches & les jeunes Cerfs se rassemblent en *Hardes*, & forment des troupes d'autant plus nombreuses que la saison est plus âpre. Ils se réchauffent de leur haleine. Au primtems ils se divisent, les Biches se cachent pour mettre bas. Les jeunes Cerfs demeurent ensemble, ils aiment à marcher de compagnie, & la nécessité seule les sépare.

Les Moutons exposés aux ardeurs de la Canicule dans une plaine découverte, se raprochent les uns des autres, de manière que leurs Têtes se touchent: ils la tiennent inclinée contre terre, & hument l'air frais qui vient par dessous.

Les Canards sauvages, appellés à changer de climat, se rangent de façon que leur vol forme un coin ou un V renversé, comme pour fendre l'air plus facilement. Le Canard qui est à la pointe, conduit le vol, & fend l'air le premier. Au bout d'un certain tems, il est relevé pur un autre, celui-ci l'est à son tour par un troisième, &c. Chacun prend ainsi sa part de tout ce que cette fonction peut avoir de pénible.

Les Pucerons se rassemblent en grand nombre sur les Plantes : on ne connoit qu'imparfaitement les avantages qu'ils recueillent de cette espèce de Société: mais, on peut conjecturer avec fondement, que les piquûres réitérées d'un plus grand nombre de ces Insectes, attirent proportionellement plus de sucs nourriciers dans la partie de la Plante sur laquelle ils se sont établis. Cela paroît avec plus d'évidence dans la formation des *Vessies* de l'Orme. Quand on les ouvre, on les trouve farcies de Pucerons. Ce sont réellement leurs piquûres, qui occasionnent ces tumeurs singulières. En même tems que chaque Puceron pompe le suc qui doit le

faire croître, il contribuë à la production de la
Veſſie, qui doit fournir à tous la ſubſiſtance & le
logement.

CHAPITRE XII.

Réflexions.

LES Animaux auxquels la compagnie de leurs
ſemblables étoit utile, ont été rendus propres à
cette eſpèce de commerce. Et ſi l'AUTEUR de
la Nature a eu en ceci l'Homme en vuë, comme on peut le penſer ſans orgueil, on trouvera que
les moyens répondent bien à la fin. En effet,
combien d'embarras & d'inconvéniens n'auroient
pas accompagné les divers ſervices que nous reti-
rons des Animaux domeſtiques, ſi les Individus
d'une même Eſpèce n'avoient pû cohabiter enſemble !

Cet eſprit de Société n'eſt pas abſolument bor-
né aux Individus d'une même Eſpèce, il s'étend
auſſi juſqu'à un certain point, à ceux d'Eſpèces
différentes, & l'Homme y trouve encore ſon avantage. L'habitude de ſe voir, de prendre leurs repas
en commun, de coucher ſous le même toict, développe ou fortifie ces diſpoſitions naturelles des
Animaux domeſtiques à vivre en Société. Les
liaiſons qui en réſultent, deviennent par conſéquent
d'autant plus fortes, qu'elles ont commencé plutôt
ou plus près de la naiſſance. C'eſt ainſi que des
Animaux qui n'ont pas été appellés à vivre enſemble, peuvent néanmoins former une eſpèce de Société : la diſpoſition naturelle de chacun d'eux à

G 4

vivre avec ses semblables, est susceptible de modifi-
cation ou d'extension.

Chaque Individu reconnoît son semblable ; ceux
d'une même Société le reconnoissent aussi. L'on
remarque que s'il s'introduit dans une Basse-Cour
des Poules étrangères, celles du lieu les maltrai-
tent pendant plusieurs jours, jusques à ce que la
cohabitation ait rendu celles-là membres de la Société.

L'extérieur du Corps offre divers caractères, au
moyen desquels les Individus d'une même Société
peuvent se reconnoître, & distinguer les Individus
étrangers. Mais entre ces caractères physiques, il
peut y en avoir de *mixtes*, ou qui appartiennent autant à l'Ame qu'au Corps, que les Animaux de la
classe dont nous parlons, sont en état de saisir ;
comme sont l'air, la contenance, la démarche,
&c. Les Individus de cette Espèce, qui ne se sont
pas encore familiarisés avec la nouvelle habitation,
paroissent craintifs ou embarrassés, cette crainte ou
cet embarras les décèle, & excite ou enhardit les
autres à les attaquer.

L'espèce de Société dans laquelle vivent les Animaux domestiques, donne lieu à une observation
remarquable ; le jeune Agneau démêle sa Mère au
milieu de 3 à 400 Brebis, quoiqu'il n'y ait pas
entr'elles de différences sensibles.

Explication du fait. Les objets qui nous paroissent parfaitement semblables, ont souvent des différences réelles, mais que nous n'apercevons pas,
soit parce que leur petitesse les dérobe à nos yeux,
soit parce qu'elles sont d'une nature à ne pas s'at--

tirer l'attention. L'Agneau plus intéreffé à découvrir ces différences, les découvre en effet ; & voilà qui fuffit pour la folution du cas, fans qu'il foit befoin de recourir à des principes cachés. Si cependant on vouloit joindre à ce moyen, celui par lequel le Chien reconnoît fon Maître au milieu d'une grande multitude, je veux dire l'Odorat, il n'y auroit rien là que de fort naturel. On pourroit encore admettre des différences entre le béellement d'une Brebis & celui d'une autre ; différences qui quoique infenfibles pour nous, frappent néanmoins l'Oreille de l'Agneau.

CHAPITRE XIII.

Les Oifeaux de Paffage.

RIEN de plus admirable que ces légions de Volatils qui à tems marqué paffent d'un païs dans d'autres très-éloignés. Quel inftinct les raffemble ? Quelle bouffole les dirige ? Quelle carte leur trace la route ? On conçoit d'abord que le changement de faifon & le manque de nourritures convenables, avertiffent ces différentes Efpèces d'Oifeaux, de changer de demeure. Mais comment ont-ils apris, qu'ils trouveront dans d'autres régions, la température & les alimens qui leur conviennent ? Pour être en état de répondre à ces queftions, & à toutes celles qu'on peut faire fur ce fujet intéreffant, il faudroit avoir examiné foigneufement toutes les circonftances qui accompagnent les marches de ces Oifeaux. Le dégré de froid ou de chaud qui les accélère ou les retarde, mérite furtout d'être obfervé ; car il n'y a pas lieu de douter, que ce ne foit ce qui influë le plus ici. Il y a peut-être un raport secret entre la température qui convient à certaines Espèces, & celle qui est nécessaire pour la production des alimens dont elles se nourrissent.

Les vents paroissent avoir une grande influence sur les émigrations des Oiseaux. L'Histoire de ces émigrations est essentiellement liée aux observations météorologiques, & les suppose. Sans doute qu'il seroit plus aisé de dire, pourquoi les Oiseaux dont il s'agit, volent par nombreux escadrons, que séparés ou épars. Ils sont ainsi moins exposés à devenir le jouët des vents. Mais, cet avantage n'est pas probablement le seul que leur procure l'état de Société. Nous manquons de recherches assez aprofondies sur ces différentes Espèces d'Oiseaux, & sur les Poissons de passage.

CHAPITRE XIV.

Les Harangs.

LES Harangs émigrent par grandes troupes, du pôle boréal vers les côtes d'Angleterre & de Hollande. Ces émigrations semblent être occasionnées par les Baleines & autres grands Poissons, que les mers glaciales renferment dans leur sein, & qui poursuivent les Harangs. Ces Monstres marins en avallent à la fois des tonnes entières. Ils suivent souvent leur proye jusques sur les côtes d'Angleterre ou d'Ecosse. Les Harangs multiplient excessivement, & ils sont peut-être de tous les Poissons ceux qui multiplient le plus. Ils semblent être une Manne, préparée par la PROVIDENCE, pour la nourriture d'un grand nombre de Poissons & d'Oiseaux de mer. Pour que l'Espèce des Ha-

rangs se conservât, il falloit qu'ils sçussent se soustraire à la poursuite de leurs Ennemis.

Les Harangs arrivent sur les côtes d'Ecosse &
d'Angleterre, vers le commencement de Juin. Leurs
nombreuses légions se partagent alors en plusieurs
divisions. Les unes dirigent leur course vers l'Est,
les autres vers l'Ouest. Après avoir navigé quelque tems, les différentes troupes se divisent encore,
& parcourent les divers parages des mers Britanni-
ques, & de celles d'Allemagne, se réunissent ensuite, & disparoissent enfin au bout de quelques mois.
Plusieurs milliers de Hollandois sont occupés annuel-
lement à la pêche du Harang ; on peut juger par
ce seul trait de l'étonnante multiplication de ce
Poisson.

CHAPITRE XV.

Les Rats de Passage.

CES Rats, particuliers aux contrées les plus
septentrionales de l'Europe, apparoissent de tems
en tems en si grand nombre dans les campagnes
de la Norwège & de la Lapponie, que les Habitans s'imaginent qu'ils tombent du ciel. Un Naturaliste célèbre, (*) qui leur a donné l'attention
qu'ils méritent, a reconnu, que ces Rats ont des
émigrations périodiques tous les 18. ou 20. ans.
Ils sortent alors de leurs demeures, & se mettent
en campagne. En chemin faisant, ils tracent dans
la terre des sentiers ou sillons de deux doigts de
profondeur, & qui occupent quelquefois la largeur

____

(*) MR. LINNÆUS.

de plusieurs toises. Mais, ce que ces émigrations
offrent de plus singulier, est que les Rats suivent
constamment dans leur marche la ligne droite, sans
se détourner jamais qu'à la rencontre d'un obstacle
impénétrable. Ainsi quand il leur arrive d'être arrêtés par un rocher, ils essayent d'abord de le percer, & comme ils n'en peuvent venir à bout, ils
en font le tour, & regagnent au delà la ligne droite. S'ils rencontrent une masse de foin ou de
paille, ils la percent de part en part, toûjours en
ligne droite. Un lac ne les arrête point : ils le
traversent de même ou entreprennent de le traverser en ligne droite, & s'ils trouvent sur leur passage une barque ou quelqu'autre bâtiment, ils grim-
pent dessus aussi - tôt, le traversent, & descendent
de l'autre coté par une ligne parallèle à celle qu'ils
ont tracée en montant.

CHAPITRE XVI.

Les Sociétés proprement dites.

PARMI les Sociétés *improprement dites*, il en est
plusieurs qui dépendent du hazard ou du fait de
l'Homme, si non en tout, du moins en partie. Il
n'en va pas de même des Sociétés *proprement dites.*
Elles ne doivent leur origine à aucun fait humain,
ni à aucune circonstance étrangère ; mais elles re-
lèvent uniquement de la Nature. Les Membres
qui les composent, ne sont pas seulement unis par
des besoins ou des avantages communs, & cela pour
un tems souvent assez court: ils le sont encore par
un lien plus fort, & qui subsiste jusqu'à la mort
de l'Animal, ou du moins pendant une grande partie
de sa vie ; je veux dire la propre conservation de

Individu ou celle de sa Famille. L'une & l'autre sont nécessairement attachées à l'état de Société. C'est pour cette grande fin, que ces différentes Espèces d'Animaux sociables, ont été instruites à travailler en commun à des ouvrages si dignes d'être admirés.

Les Sociétés *proprement dites*, pourroient être divisées en deux classes ; la première comprendroit celles *dont la fin principale se borne à la conservation des Individus* ; la seconde celles *qui ont pour but & la conservation des Individus & l'éducation des Petits*.

Plusieurs Espèces de Chenilles, & quelques Espèces de Vers appartiennent à la première de ces deux classes ; les Fourmis, les Guêpes, les Abeilles, les Castors &c. à la seconde.

La première classe auroit sous elle deux genres principaux ; l'un comprendroit les Sociétés *à tems* ; l'autre, les Sociétés *à vie*.

CHAPITRE XVII.

Les Chenilles Communes.

Un Papillon dépose ses Oeufs, vers le milieu de l'été, sur une Feuille de Prunier ; le nombre de ces Oeufs est d'environ 3 à 400. Au bout de quelques jours, il sort de chacun d'eux une très-petite Chenille. Loin de se disperser sur les Feuilles voisines, toutes demeurent rassemblées sur celle qui les a vû naître : le même esprit de Société les unit. Elles se mettent aussi-tôt à filer de concert une toile, d'abord très-mince, mais qu'elles fortifient enfuite peu à peu en y ajoutant de nouveaux fils. Cette toile eſt une vraye Tente, dreſſée ſur la Feuille, & ſous laquelle les jeunes Chenilles ſe mettent à couvert. A meſure qu'elles groſſiſſent, elles étendent leur logement par de nouvelles couches de Feuilles & de Soye. Les eſpaces compris entre ces couches, ſont les appartemens, qui ſe communiquent tous par des portés ménagées à deſſein. C'eſt dans ce Nid qu'elles paſſent l'hiver, couchées les unes auprès des autres, ſans mouvement, jusques à ce que le retour du printems les ranime, & les invite à aller ronger les Feuilles naiſſantes. Enfin, vers le mois de Mai, la Société ſe diſſout; chaque Chenille tire de ſon coté, & va paſſer le reſte de ſa vie dans la ſolitude. Alors devenuës plus fortes, l'état de Société ne leur eſt plus néceſſaire, elles n'ont plus beſoin d'habitation commune.

Ce léger précis de l'hiſtoire de la Chenille nommée *Commune*, parce qu'elle eſt de celles qu'on rencontre le plus fréquemment, donne une idée des Sociétés *à tems*, & qui ont pour fin prochaine & directe la conſervation des Individus.

CHAPITRE XVIII.

Les Chenilles Proceſſionaires.

CES Chenilles, qui vivent ſur le Chêne, & dont les Sociétés ſont beaucoup plus nombreuſes, que celles des *Communes*, ont des procédés plus ſinguliers. Elles ſortent de leur Nid au Soleil couchant, & marchent en proceſſion, ſous la conduite d'un Chef, dont elles ſuivent tous les mouvemens.

Les rangs ne font d'abord que d'une Chenille, enfuite de deux, de trois, de quatre & même de plus.
Le Chef n'a rien d'ailleurs qui le diftingue, que
d'être le premier, & il ne l'eft pas conftamment,
parce que chaque Chenille peut à fon tour occuper cette place. Après avoir pris leur repas fur
les Feuilles des environs, elles regagnent leur Nid
dans le même ordre, & cela continuë pendant toute la vie de Chenille. Parvenuës enfin à leur dernier accroiffement, chacune fe conftruit dans le Nid
une Coque, où elle fe change en Chryfalide, &
révêt enfuite la forme de Papillon. Ces Métamorphofes font fuccéder à l'état de Société, un nouveau genre de vie, tout différent de l'ancien.

Voilà un exemple des Sociétés *à vie*, dont la
fin principale eft la confervation des Individus.

CHAPITRE XIX.

Procédé remarquable des Chenilles qui vivent en Société.

Il y a plufieurs Espèces de ces Chenilles, qui
font de vrayes Républicaines, & dont la difcipli-
ne, les mœurs, le génie fe diverfifient autant que
ceux de différens Peuples. Il en eft qui, comme
quelques Sauvages, fe conftruifent des branles ou
des hamacs, dans lesquels elles prennent leurs repas, où elles paffent même toute leur vie, & fe
transforment. Il en eft d'autres, qui vivent à la
manière des Arabes ou des Tartares, fous des Ten-
tes, qu'elles dreffent dans les prairies, & quand
elles ont confumé toute l'herbe des environs de la

Tente, elles lèvent le piquet, & vont camper ailleurs.

Les Nids que se construisent les Chenilles Républicaines sont pour elles de véritables retraites; elles y sont à l'abri des injures de l'air, & toutes s'y renferment dans les tems d'inaction ou de maladies. Mais, elles en sortent à certaines heures pour aller chercher leur nourriture. Elles vont ronger les Feuilles des environs: elles les consument de proche en proche. Souvent elles s'éloignent beaucoup de leur domicile, & par différens détours. Cependant elles sçavent toûjours le retrouver, & s'y rendre au besoin. Ce n'est pas la Vuë qui les dirige si sûrement dans leurs marches; cela est très-prouvé. La Nature leur a donné un autre moyen de regagner le gîte, & ce moyen revient précisément à celui qu'employa THESE'E pour retirer du labyrinthe sa chère ARIADNE. Nous pavons nos chemins; nos Chenilles tapissent les leurs. Elles ne marchent jamais que sur des tapis de soye. Tous les chemins qui aboutissent à leur Nid, sont couverts de fils de soye. Ces fils forment des traces d'un blanc lustré, qui ont au moins deux à trois lignes de largeur. C'est en suivant à la file ces traces, qu'elles ne manquent point le gîte, quelques tortueux que soyent les détours dans lesquels elles s'engagent. Si l'on passe le doigt sur la trace, l'on rompra le chemin, & on jettera les Chenilles dans le plus grand embarras. On les verra s'arrêter tout à coup à cet endroit, & donner toutes les marques de la crainte & de la défiance. La marche demeurera suspenduë, jusques à ce qu'une Chenille plus hardie ou plus impatiente que les autres, ait franchi le mauvais pas. Le fil qu'elle

tend

tend en le franchissant, devient pour une autre un pont, sur lequel elle passe. Celle-ci tend en passant un autre fil; une troisième en tend un autre; &c. & le chemin est bientôt réparé.

Les procédés industrieux des Insectes, & en général des Animaux, s'emparent facilement de notre imagination. Nous nous plaisons à leur prêter nos raisonnemens & nos vuës. Il y a bien loin du procédé des Chenilles Républicaines, à celui de THEE'E. Elles ne tapissent pas leurs chemins, pour ne point s'égarer; mais, elles ne s'égarent point, parce qu'elles tapissent leurs chemins. Elles filent continuellement, parce qu'elles ont continuellement besoin d'évacuer la matière soyeuse, que la nourriture reproduit, & que leurs Intestins renferment. En satisfaisant à ce besoin, elles assurent leur marche, sans y songer, & ne le font que mieux. La construction du Nid est encore liée à ce besoin. Son architecture l'est à la forme de l'Animal, à sa structure & au jeu de ses Organes, & aux circonstances particuliéres où il se trouve. Nous fleurons ici un des principes les plus généraux & les plus philosophiques qu'on puisse former sur les opérations des Brûtes: nous y reviendrons.

CHAPITRE XX.

Question.

LES Sociétés que nous venons de parcourir, ne devroient-elles point leur origine, à cette circonstance commune aux Chenilles qui les composent, que de naître d'Oeufs déposés les uns auprès des autres?

Il n'y a pas lieu de le soupçonner; puisque cette circonstance se rencontre dans beaucoup d'Espèces de Chenilles, qui cependant ne travaillent point de concert aux mêmes ouvrages. Les Vers-à-Soye en sont un exemple très-familier. Il est vrai, qu'ils demeurent volontiers rassemblés dans le même lieu; disposition qui nous est très-avantageuse: mais, les Individus de quantité d'autres Espèces, se dispersent après leur naissance, pour ne se jamais réünir. Les Araignées, nouvellement écloses, commencent par filer en commun, & finissent bientôt par se dévorer les unes les autres.

On est donc obligé de recourir ici à ce Principe, ou à cet Instinct, en vertu duquel chaque Animal agit de la manière la plus conforme à son bien être ou à sa destination.

Il y auroit néanmoins une expérience curieuse à tenter sur ce sujet: ce seroit de disperser les Oeufs du Papillon de la Chenille *Commune*, de laisser vivre quelque tems en solitude les Chenilles qui en éclorroient, & de les rassembler ensuite. L'on s'assureroit par ce moyen, de l'influence de la circonstance dont nous parlons. On pourroit encore tenter, de former des Sociétés d'Individus d'Espèces différentes, & de réünir en un seul Corps plusieurs Sociétés de même Espèce. &c.

CHAPITRE XXI.

Les Sociétés qui ont pour fin principale l'Education des Petits.

COMME les Chenilles n'engendrent point, qu'elles ne soyent parvenuës à l'état de Papillon ; il ne s'agit point dans leurs Sociétés, de l'Education des Petits. Leur propre conservation est l'unique fin de leur travail. Il régne parmi elles la plus parfaite égalité : nulle distinction de séxe, & presque nulle distinction de grandeur. Toutes se rassemblent ; toutes ont la même part aux travaux : toutes ne composent proprement qu'une seule Famille, issuë de la même Mère.

Les Sociétés des Fourmis, des Guêpes, des Abeilles sont formées sur des modèles bien-différens. Ce sont des Républiques. composées de trois ordres de Citoyens, qui se distinguent par le nombre, la grandeur, la figure & le séxe. Les Femelles, ordinairement plus grandes, & moins nombreuses, tiennent le premier rang : les Mâles, d'une taille un peu moins avantageuse, mais en plus grand nombre, forment le second ordre : les *Mulets* ou les *Neutres*, privés de séxe, toûjours plus petits, & toûjours plus nombreux, composent le troisième ordre.

H 2

CHAPITRE XXII.

Les Fourmis.

QUELLE n'eſt point la merveilleuſe activité de ces Inſectes laborieux à raſſembler les matériaux, qui doivent entrer dans la conſtruction de leur Nid? Voyez comment ils ſçavent ſe réünir, & s'entr'aider pour excaver la terre, pour la charrier, pour transporter à leur habitation les brins d'herbe, les pailles, les fragmens de bois & les autres Corps de ce genre, qu'ils employent dans leurs travaux. Ils ſemblent ne faire que les entaſſer pêle-mêle; mais cette ſorte de confuſion cache un art & un deſſein, qu'on découvre, dès qu'on cherche à le voir. Sous ce monticule qui eſt leur logement, & dont la forme facilite l'écoulement des eaux, ſe trouvent des galleries, qui communiquent les unes avec les autres, & qui ſont comme les ruës de la petite ville. L'on eſt ſurtout frappé des ſollicitudes continuelles des Fourmis pour leurs Nourriſſons, des ſoins qu'elles prennent de les transporter à propos d'une place dans une autre, de les nourrir, & de leur faire éviter tout ce qui pourroit leur nuire. On admire la promptitude avec laquelle elles les ſouſtraiſent au danger, & le courage avec lequel elles les defendent. On a vû une Fourmi, partagée par le milieu du Corps, transporter les uns après les autres huit ou dix de ces Nourriſſons. Enfin, elles ont ſoin encore d'entretenir autour d'eux le degré de chaleur qui leur convient.

Elles vont chercher au loin leurs alimens & leurs provisions. Différens chemins, assez-souvent fort tortueux, aboutissent à la Fourmilière. Les Fourmis les suivent à la file, & ne s'égarent point, non plus que les Chenilles Républicaines. Comme ces dernières, elles laissent des traces par tout où elles passent. Ces traces ne sont pas sensibles aux yeux; elles le seroient plutôt à l'odorat: on sçait que les Fourmis ont une odeur pénétrante. Quoi qu'il en soit, si l'on passe le doigt, à plusieurs reprises, sur un mur le long duquel des Fourmis montent & descendent à la file, on les arrêtera tout court, & on s'amusera quelque-tems de leur embarras. Il en sera de ces Processions de Fourmis, comme je l'ai raconté de celles des Chenilles.

La prévoyance des Fourmis a été fort célèbrée. L'on répète depuis près de trois mille ans, qu'elles amassent des provisions pour l'hyver; qu'elles sçavent se construire des Magazins où elles renferment les Grains qu'elles ont recueillis pendant la belle saison. Ils leurs seroient très-inutiles ces Magazins; elles dorment tout l'hyver, comme les Marmotes, les Loirs, & bien d'autres Animaux. Un degré de froid assez médiocre, suffit pour les engourdir. Que feroient-elles donc de ces prétendus Magazins? aussi n'en construisent-elles point. Les Grains qu'elles charrient avec tant d'activité à leur domicile, ne sont point du tout pour elles des provisions de bouche; ce sont de simples matériaux, qu'elles font entrer dans la construction de leur Édifice, comme elles y font entrer des brins de bois, des pailles, &c. Les faits attestés par l'Antiquité la plus vénérable, ont donc encore befoin de l'Oeil de l'Obſervateur, & de la Logique du Philoſophe.

CHAPITRE XXIII.

Les Guêpes.

UNE République de Guêpes, quelque nombreuſe qu'elle ſoit, doit ſa naîſſance à une ſeule Mère. Celle-ci, ſans aucune aide, perce la terre au printems, & y pratique une cavité, dans laquelle elle conſtruit un petit Gâteau, qui eſt un aſſemblage de cellules héxagones, dont les ouvertures ſont tournées perpendiculairement en embas. Dans chaque cellule, elle pond un Oeuf de *Neutre*, c'eſt à dire, de Guêpe Ouvrière; car chez les Guêpes, comme chez les Abeilles, les *Neutres* ſont chargés du gros des ouvrages; il convenoit donc ici qu'ils nâquiſſent les premiers, afin de ſoulager la Mère dans ſes travaux. Ils le font en effet, dès que par ſes ſoins infatigables ils ſont parvenus de l'état de Ver à l'état de Mouche. Ils ſe mettent à conſtruire de nouveaux Gâteaux, attachés au premier par de petits ſuports, en manière de colonnes.

Des Oeufs de Femelles, de Mâles & de Neutres ſont dépoſés dans les cellules de ces Gâteaux par la Mère Guêpe, & les Petits qui en écloſent ſont élevés par les Ouvrières. Devenus Mouche dans leur tems, les Femelles & les Neutres s'occupent à étendre la ville naîſſante: les Mâles ne prennent point de part à ce travail; leur principale fonction eſt de féconder les jeunes Femelles. Ils font pourtant encore chargés, juſqu'à un certain point, de pourvoir à la ſubſiſtance des jeunes Nourriſſons. La petite République augmente ainſi de jour en jour; & vers la fin de l'été, elle eſt déja une grande ville, peuplée de pluſieurs milliers d'Habitans. Le Guêpier a communément alors 15. 16. pouces de longueur, ſur 12. à 13. de largeur. Les Gâteaux ſont recouverts d'une épaiſſe enveloppe de la même matière que celle dont ils ſont eux - mêmes compoſés; ſçavoir, d'une eſpèce de Papier, fait de Bois pourri; & cette enveloppe eſt comme l'Enceinte de la ville.

CHAPITRE XXIV.

Les Abeilles.

LE Gouvernement des Abeilles tient plus du Monarchique que du Républicain. Une ſeule Mouche y dirige tout. Cette Mouche eſt non ſeulement la Reine du Peuple, elle en eſt encore la Mère au ſens le plus étroit. Des 30. à 35. mille Mouches, dont une Ruche eſt ſouvent fournie, la Reine eſt la ſeule qui engendre. C'eſt à cette prérogative, plus réelle que beaucoup de celles qui diſtinguent les Souverains, qu'elle doit l'extrême affection que ſon Peuple lui porte. Elle eſt preſque toûjours environnée d'un cercle d'Abeilles, uniquement occupées du ſoin de lui être utiles. Les unes lui préſentent du Miel, les autres paſſent légèrement leur trompe ſur ſon corps à diverſes repriſes, afin d'en détacher tout ce qui pourroit le ſalir. Lors qu'elle marche, toutes celles qui ſont ſur ſon paſſage ſe rangent pour lui faire place. Elles ſçavent ou paroîſſent ſçavoir, que cette marche a un objet important, celui d'augmenter le nombre des Citoyens.

En effet, elle cherche alors des cellules propre
à recevoir ſes Oeufs. Ces cellules ſont comme cel
les des Guêpes, de figure héxagone, mais leur fond
a une forme beaucoup plus recherchée: au lieu d'ê
tre à peu près plat, il eſt pyramidal, & compoſ
de trois lozanges égales & ſemblables, dont l
proportions ſont telles, qu'elles réüniſſent ces deu
conditions très remarquables; la première, de don
ner à la cellule la plus grande capacité; la ſecon
de, d'exiger le moins de matière pour ſa conſtruc
tion.

L'Architecture des Abeilles ſurpaſſe encore cel
des Guêpes dans l'ordonnance des Gâteaux; i
n'ont chez celles-ci qu'un ſeul rang de cellules
chez celles-la, le terrain eſt mieux ménagé; chaqu
Gâteau porte un double rang d'alvéoles. Ell
ſont apuyées les unes contre les autres par leur fond
de manière que l'ouverture de celles d'un rang, re
garde du coté oppoſé à celui vers lequel celles d
l'autre rang ſont tournées. Leur axe eſt parallèl
à l'horizon, & le Gâteau qu'elles compoſent l
eſt perpendiculaire. Cette poſition, directemer
contraire à celle des Gâteaux de Guêpes, eſt dé
terminée par des circonſtances particulières, & don
la conſervation des Petits dépend.

Ce ſont les *Neutres*, ou les Abeilles *Ouvrières*
qui conſtruiſent ces Gâteaux où brille une ſi ſir
géomètrie. Elles en vont recueillir la matière ſu
les Fleurs: la Cire eſt faite des Pouſſières des Eta
mines. Elles préparent ces Pouſſières; elles les d
gèrent. Elles en font des amas dans leurs Ruche
ſoit pour fournir à la conſtruction de nouveau
Gâteaux, ſoit pour ſervir à leur nourriture.

Pendant qu'une partie des Abeilles s'employent à recueillir la matière de la Cire, à la préparer & à en remplir les Magazins, d'autres s'occupent de différens travaux. Les unes mettent cette Cire en oeuvre, & en construisent des cellules : d'autres polissent l'ouvrage & le perfectionnent : d'autres vont faire sur les Fleurs une autre sorte de recolte, celle du Miel, qu'elles déposent ensuite dans les cellules, pour les besoins de chaque jour, & pour ceux de la mauvaise saison. D'autres ferment avec un couvercle de Cire les cellules qui contiennent le Miel qui doit être conservé pour l'hyver ; précaution qui en prévient l'altération. D'autres donnent à manger aux Petits. D'autres mettent un couvercle de Cire aux cellules de ceux qui sont près à se métamorphoser, afin qu'ils puissent le faire sûrement. D'autres bouchent avec une sorte de poix, les moindres ouvertures de la Ruche, par lesquelles l'air, ou de petits Insectes pourroient s'introduire. D'autres enfin, portent dehors les Cadavres dont la corruption infecteroit la Ruche : les Cadavres qui sont trop gros pour être transportés, elles les recouvrent d'une épaisse enveloppe de Cire, ou d'une sorte de Gomme, sous laquelle ils peuvent se corrompre sans causer aucune incommodité.

Pour faciliter tous ces différens travaux, les Ouvrières ont soin de laisser entre les Gâteaux des espaces, qui sont comme des espèces de ruës, dont la largeur est proportionnée à la taille des Abeilles ; elles sçavent encore ménager des portes à chaque Gâteau, au moyen desquelles elles évitent les détours.

La Reine anime les Ouvrières par fa préfence, & cela eft plus à la lettre qu'on ne l'imagineroit. Si l'on partage un Effaim, la partie qui demeurera privée de Mère, périra, fans conftruire la moindre cellule; tandis que la partie fur laquelle la Mère régnera, remplira la Ruche de Gâteaux & de provifions de tout genre.

Le travail des Ouvrières eft ordinairement proportionné au nombre d'Oeufs que la Mère doit pondre. Ainfi, plus fa fécondité eft grande, & plus les Abeilles conftruifent de Gâteaux.

Ce feroit pourtant en vain, qu'on tenteroit de faire conftruire aux Neutres plus de Gâteaux, en introduifant dans la Ruche plufieurs Mères: les Mères furnumeraires feroient bientôt mifes à mort. La conftitution de la Société, n'en permet qu'une feule.

Les Mâles, incomparablement moins nombreux que les Neutres, mais pourtant très-nombreux pour une feule Femelle, ne prennent aucune part à ce qui fe fait dans la Ruche; toute leur occupation fe borne à la fécondation, & encore ne s'y livrent-ils qu'avec peine: il faut que la Reine faffe les avances, & qu'elle mette en mouvement par des careffes réïtérées, celui fur lequel fon choix eft tombé. Nous avons vû ailleurs, (*) que ce renverfement de l'ordre général eft fondé fur des raifons très-fages. Les Mâles font nourris & foignés, jusques vers le mois d'Aouft, tems auquel devenus inutiles & même nuifibles, les Neutres les exterminent entièrement. Ils auroient à craindre en les

(*) Part. VIII. Chap. 7.

conservant, qu'ils n'en fussent affamés pendant l'hyver.

Au retour du printems, ou voit cependant reparoître des Mâles dans la Ruche, on y découvre même plusieurs Femelles, & le nombre des Neutres augmente aussi de jour en jour. L'extrême fécondité de la Mère fournit à cette nombreuse génération.

Enfin, il sort de la Ruche un ou plusieurs *Essaims*, qui ont chacun une Reine à leur tête. Ce sont des Colonies qui vont chercher ailleurs un établissement, qu'elles ne sçauroient trouver dans la Métropole, surchargée d'habitans.

CHAPITRE XXV.

Continuation du même sujet.

Idées sur la Police des Abeilles.

LE Spectacle d'une Ruche d'Abeilles est, sans contredit, un des plus beaux qui puisse s'offrir aux yeux d'un Observateur: il y régne un air de grandeur qui étonne. On ne se lasse point de contempler ces Atteliers où des milliers d'Ouvriers sont sans cesse occupés de travaux différens. On est surtout frappé de la régularité & de la précision géomètrique de leur ouvrage. On l'est aussi beaucoup à la vuë de ces Magazins, remplis de tout ce qui est nécessaire pour fournir à l'entretien de la Société, pendaut la mauvaise saison. On s'arrête encore avec plaisir, à considérer les Petits dans leurs Berceaux, & à observer les tendres soins des Mères nourrices à leur égard.

Mais ce qui fixe tous les yeux, c'eſt la Reine, la lenteur, j'ai presque dit, la gravité de ſa démarche, ſa taille plus avantageuſe que celle des autres Abeilles, & ſur-tout, les eſpèces d'hommages que lui rendent celles-ci, la font aiſément reconnoître. On a peine à en croire ſes propres yeux, quand on obſerve les attentions & les empreſſemens des Neutres pour cette Reine chérie. Mais l'étonnement augmente beaucoup quand on voit ces Mouches ſi laborieuſes & ſi actives, ceſſer abſolument de travailler & ſe laiſſer périr, dès qu'on les prive de leur Reine.

Par quel lien ſecrêt, par quelle loi ſupérieure à celle en vertu de laquelle chaque Individu pourvoit à ſa propre conſervation, les Abeilles ſont-elles attachées à leur Reine, au point de négliger abſolument le ſoin de leur propre vie; lors qu'elles viennent à en être ſéparées? Ce lien, cette loi paroît n'être autre choſe que le grand principe de la Conſervation de l'Eſpèce : les Neutres n'engendrent point; mais ils ſçavent que la Reine poſſède cette faculté; c'eſt pour recevoir les Oeufs qu'elle eſt prête à dépoſer, qu'ils conſtruiſent ces cellules dont nous admirons les proportions. La Nature les a autant intéreſſés pour les Petits qui en doivent éclorre, qu'elle a intéreſſé les Mères des autres Animaux en faveur des leurs propres.

Mais, demandera-t-on encore, comment la ſeule préſence de la Reine excite-t-elle les Abeilles au travail, engage-t-elle les unes à élever des cellules, les autres à amaſſer de la Cire, les autres à recueillir du Miel &c. ?

Ne seroit-ce point ici l'effet de quelque impression purement physique ? Les Oeufs dont le Corps de la Mère est rempli, n'affecteroient-ils point les Abeilles, au moyen de l'Odorat ou de quelqu'autre sens à nous inconnu ?

Quoi qu'il en soit de cette conjecture, il paroît qu'on ne doit pas supposer que la présence de la Reine, fasse différentes impressions sur différentes Abeilles, détermine les unes à construire des cellules, les autres à amasser de la Cire, les autres du Miel &c. L'impression dont il s'agit est une, elle détermine les Abeilles au travail ; mais ce travail est différent suivant les circonstances particulières où chaque Abeille se trouve placée ; par exemple, une Abeille sort de sa Ruche ; il n'y a pas lieu de croîre que ce soit avec un dessein déterminé de recueillir de la Cire, plutôt que du Miel ; mais elle rencontre une Fleur qui abonde en Poussières d'Etamines, & qui n'offre que peu de Miel ; elle se charge donc de matière à Cire. Aussi remarque-t-on, que c'est principalement le matin que se fait cette recolte. Alors les Poussières des Etamines n'ont pas encore été desséchées par la chaleur du Soleil ; elles conservent une certaine humidité qui en lie les grains, & qui en rend ainsi la collection & le transport plus faciles. Le Miel, au contraire, étant un suc qui exsude des Fleurs par l'action du Soleil, elles en rendent peu le matin ; le milieu du jour est un tems plus favorable à cette espèce de recolte ; aussi voit-on alors peu d'Abeilles qui reviennent à la Ruche chargées de Cire ; le plus-grand nombre y apporte du Miel.

Mais, d'où vient que les Abeilles, privées de Mère, se laissent périr faute de nourriture ? comment oublient-elles à ce point le foin de leur propre vie? A la bonne heure, qu'elles ne conftruifent pas des Gâteaux : on entrevoit des raifons de ce procèdé : mais, au moins, pourroient-elles aller recueillir fur les Fleurs, le Miel & la Cire néceffaires à leur fubfiftance actuelle.

Ici la caufe finale eft affez évidente : la confervation de l'Espèce importoit plus à la Nature, que celle des Individus : dans le cas dont il s'agit, celle-là ne pouvant avoir lieu, celle-ci devenoit inutile. A' l'égard de la caufe efficiente ; il n'eft pas facile de la pénétrer. Les Neutres feroient-ils abfolument privés du fentiment de la *Faim?* Ne feroient-ils portés à recueillir de la Cire & du Miel, & à en manger, que par l'impreffion agréable, que la préfence de ces Matières fur les Fleurs, produiroit dans l'Organe ? Cela feroit fort fingulier ; car la Faim eft un fentiment commun à tous les Animaux ou qui paroît l'être. Il eft un moyen fagement établi, pour prévenir la deftruction des Individus, & qui les excite à reparer les pertes continuelles que les différentes évacuations occafionnent. Mais, dans le choix du moyen dont il s'agit, la Nature pourroit ne s'être pas propofé pour principal objet, la confervation des Individus, comme Individus ; mais plutôt comme Auteurs de la Génération ou Confervateurs de l'Efpèce. En effet ; chez les Quadrupèdes, chez les Oifeaux, les Poiffons, les Reptiles, & chez prefque tous les Infectes, chaque Individu eft Mâle ou Femelle, ou tous les deux enfemble, comme chez les Vers-de-Terre, la Limace, &c. Là comme l'on voit, la confervation de l'Efpèce, dépend immédiatement de celle des Individus. Il n'en eft pas ainfi chez les Abeilles ;

plus grand nombre de celles qui composent la même Société est dépourvû de Séxe, & ne concourt à la conservation de l'Espèce, qu'en qualité de cause sécondaire. Il ne devroit donc pas paroître improbable, que les Neutres fussent privés du sentiment de la Faim. On voit bien que la Reine & les Mâles ne sçauroient en être privés : aussi mangent-ils souvent.

Mais, si les Neutres n'ont pas le sentiment de la Faim, comment sont-ils avertis de réparer leurs forces abbatuës par le travail & par la transpiration ? Les Neutres qui ont à leur tête une Reine, sont excités au travail par sa présence. Ils ne sçauroient vacquer aux divers travaux dont ils ont été chargés, sans avoir de fréquentes occasions de prendre de la nourriture. La raison en est, qu'indépendamment de la sensation agréable qui peut résulter de l'action de la Cire & du Miel sur l'Organe des Neutres, ces Matières doivent nécessairement passer par leur Estomac, s'y digérer & s'y préparer, avant que d'être déposées dans la Ruche, pour servir aux usages auxquels elles sont destinées.

L'on objectera peut-être, qu'il seroit étrange, que parmi les Individus d'une même Espèce, il y en eut qui fûssent doués d'un sentiment tout à fait inconnu aux autres. Mais, n'est-il pas aussi étrange que parmi ces mêmes Individus, il y en ait qui sont pourvûs d'Organes, qu'on ne trouve point dans les autres ? Les Abeilles Ouvrières ont diverses Parties qu'on ne voit point à la Reine & aux Mâles ; & ceux-ci en ont pareillement, qu'on ne rencontre point chez les Ouvrières. La destination n'étant pas la même pour tous les Individus, les

moyens qui y répondent doivent nécessairemen[t]
différer.

Une autre réflexion vient à l'appui de la con[-]
jecture que je hazarde : la Faim est un sentimen[t]
pressant, actif, inquiet; or les Neutres, privés d[e]
leur Reine, tombent dans une forte d'assoupisse[-]
ment, qui ne finit qu'avec la vie. Si dans ce[t]
état de létargie, on leur donne une Reine, ils s[e]
révéillent aussi-tôt, & se mettent au travail.

Dans la vuë de découvrir la loi fondamental[e]
du Gouvernement de nos Mouches Républicaines[,]
on avoit partagé un Essaim en deux parties à peu[-]
près égales, & l'on avoit toûjours observé, que le[s]
Abeilles, qui n'avoient point de Reine, ne con[-]
struisoient point de Gâteaux. C'étoit déja une ex[-]
périence très-décisive : mais, il y en avoit une au[-]
tre à tenter : c'étoit de partager une Ruche bien[-]
fournie de Gâteaux, d'Habitans & de Petits, &[
de suivre avec soin tout ce qui arriveroit dans la partie
de cette Ruche où la Reine ne seroit point. On[
pourroit conjecturer probablement, que les Neutres[
continuëroient à s'occuper de l'Education des Pe[-]
tits, & qu'ils ne cesseroient de travailler que lors[-]
que ces derniers seroient devenus Mouches.

Par un moyen très-simple, on oblige deux Es[-]
saims à faire un échange réciproque de leur Ruche[
& de leurs Gâteaux : ils se font à ce changement,[
& les Neutres de chaque Essaim prennent autant[
de soin des Petits qu'ils trouvent dans leur nou[-]
velle habitation, qne s'ils étoient leurs Nourrissons[
naturels. L'affection des Neutres s'étend donc in[-]
différemment à tout ce qui est Ver d'Abeille. Cet[

Instinct

l'Inſtinct a donc un raport direct à la conſervation de l'Eſpèce. Il faudroit varier un peu cette expérience, pour ſonder le diſcernement des Neutres, & ſubſtituër adroitement aux Nourriſſons de leur Eſpèce, des Nourriſſons d'Eſpèce différente.

Les Neutres n'ont point de Sexe ; ils n'engendrent point : comment leur ſuppoſer pour les Petits de leur Reine, préciſément le même amour, qui meut les Mères des autres Animaux. Ils agiſſent pourtant comme elles dans les mêmes circonſtances. Si donc la Nature a ſçu intéreſſer l'attachement des Mères, par les ſenſations agréables que les Petits leur font éprouver ou par les ſervices qu'elles en retirent, il y a bien de l'apparence, qu'elle en a uſé à peu près de même à l'égard des Abeilles ouvrières, & qu'elle a placé, pour elles, dans les Petits, une cauſe ſecrette de ſenſations agréables, qui les attachent à eux, & les déterminent à dégorger dans leurs Berceaux, l'eſpèce de Bouillie, dont ils ſe nourriſſent.

Nous avons vû, que ſi l'on introduit dans une Ruche pluſieurs Reines, il n'y en aura jamais qu'une ſeule qui conſervera l'empire : toutes les autres ſeront miſes à mort. On ne ſçait point encore, ſi l'empire demeure toûjours à la Reine légitime, & comment & par qui les Reines ſurnuméraires ſont ſacrifiées. Il n'eſt pas probable que les Neutres ſoyent chargés de ces cruelles exécutions : ils rendent aux Reines étrangères les mêmes hommages qu'à leur Souveraine légitime. Mais, les Reines ſont armées d'un fort Aiguillon, & l'on ne voit pas trop de quelle utilité leur ſeroit cette arme offenſive, ſi elles ne s'en ſervoient point pour défendre ou

conquérir le trône. Quoi qu'il en foit ; on comprend affez, pourquoi il a été ordonné, qu'il n'y
auroit jamais qu'une feule Reine dans chaque Ruche. Un Effaim, quelque nombreux qu'il foit, n'
l'eft pas ordinairement trop pour une feule Mère
celle-ci peut fort bien pondre dans l'année cinquante mille Oeufs. Il faut pour ces Oeufs u
nombre de cellules proportionné ; & toutes ne fon
pas employées à loger des Petits. Auffi arrive-t-
que lors que l'Effaim eft un peu foible, la Mèr
eft obligée de dépofer jusqu'à 3, 4, & 5. Oeufs
dans une même cellule, & comme il n'y a de
place dans chacune que pour un feul, les furnumérai-
res font toûjours facrifiés, & c'eft une perte pou
la République.

Ce font certainement les Neutres, qui extermi
nent les Mâles, quand ils font devenus inutiles à l
Communauté. Mais les Neutres fçavent-ils qu'i
l'affameroient fi on les confervoit ? Il eft plus qu
probable que leurs connoiffances ne s'étendent pa
jusques-là. Il fuffiroit d'admettre, qu'il vient u
tems, où les Mâles font fur les fens des Neutre
une impreffion qui les irrite, & qui les porte à s'e
défaire.

Tant que la faifon eft favorable à la recolte d
Miel & de la Cire, les Neutres ne ceffent poin
d'en recueillir, & d'en remplir les Magazins. C
n'eft pas non plus qu'ils prévoyent de loin qu'i
arrivera une faifon où ces recoltes leur feront inter-
dites. Il feroit peu philofophique d'attribuer un
telle prévoyance à des Mouches. Des Etres qu
n'ont & ne peuvent avoir que de pures fenfations
porteroient-ils des jugemens fur l'avenir ? Tout
été fi bien arrangé, que les Abeilles font aprovi

fionnées, fans avoir fongé ni pû fonger à faire des provifions. Elles ont été inftruites à recolter la Cire & le Miel: elles s'occupent de ce travail pendant toute la belle faifon, & quand l'hyver arrive, les Gâteaux fe trouvent pleins de Cire & de Miel.

Des Gâteaux où brille une fi profonde géométrie, feroient-ils encore l'ouvrage d'Infectes Géomètres? Qui ne voit que plus l'ouvrage eft géométrique, & moins il fuppofe de géométrie dans l'Ouvrier. Il faute aux yeux, que le Géomètre eft ici l'AUTEUR de l'Infecte. Celui-ci exécute par une forte de Méchanique un travail, dont les KOENIG & les CRAMER calculent avec étonnement les admirables proportions, & dont ils ignorent le fecret. L'Intelligence, qui connoîtroit à fond la ftructure du Corps de l'Abeille, y verroit, fans doute, la petite Machine, qui conftruit ces cellules fi régulières, & fi oeconomiquement régulières. Elle jugeroit des effets que cette Machine doit opèrer, comme un Méchanicien juge de ceux d'un Mêtier ou de toute autre Machine. Jugeons par ce trait fi décifif des autres opérations des Abeilles. Penferons-nous qu'elles foyent moins méchaniques? N'avançons pas que les Abeilles, ainfi que tous les Animaux, font de pures Machines, des Horloges, des Mêtiers, &c. Une Ame tient probablement à la Machine: elle en fent les mouvemens; elle fe plait à ces mouvemens; elle reçoit par la Machine des impreffions agréables ou déplaifantes, & c'eft cette *fenfibilité* qui eft le grand & l'unique mobile de l'Animal. Cet exemple fuffiroit feul, pour faire fentir à tout Lecteur judicieux, combien nous nous méprenons, quand nous prêtons fi libéralement aux Animaux notre manière de penfer, de raifonner, & prefque notre génie. L'on n'a, pour s'en convaincre, qu'à apliquer à la conſtruction des Gâteaux des Abeilles, ces idées de raiſonnement, que nous adoptons avec ſi peu de réflexion en faveur des Animaux, & l'on transformera tout d'un coup les Abeilles en Géomètres ſublimes. Elles ſçauront donc auſſi la Botanique ; car elles connoiſſent très-bien, & peut-être mieux que nous, les parties ſexuelles des Plantes.

Malgré toute l'attention que les plus grands Obſervateurs ont donné aux Abeilles, elles ont encore plus de choſes intéreſſantes à nous montrer, qu'on n'en a découvert. Il faudroit ſurtout imaginer quelque moyen de les épier de plus près, lorſqu'elles travaillent à former ces petites lozanges qui ſont la baſe des cellules, & la partie la plus recherchée de l'ouvrage. A force d'obſerver, on découvrira enfin des particularités qui décèleront le ſecret de la Méchanique dont j'ai parlé. Les Abeilles ſont toûjours attroupées en ſi grand nombre, quand elles commencent à conſtruire un Gâteau, qu'il n'eſt preſque pas poſſible d'apercevoir leur travail. Un point bien eſſentiel, ſeroit de parvenir à ne faire travailler qu'un petit nombre d'Ouvrières. L'Obſervateur ſçait ſe retourner, inventer, & tirer des obſtacles mêmes, de nouvelles inſtructions, & de nouvelles vuës. L'Etude de l'Hiſtoire Naturelle ſemble être celle qui perfectionne le plus la ſagacité de l'Eſprit.

Remarquons en finiſſant, la ſingularité des moyens que l'Auteur de la Nature a choiſis pour conſerver l'Espèce des Abeilles. Elle préſente trois ſortes d'Individus, qu'on diroit être eux-mêmes trois Espèces diſtinctes. Les Mères, preſque partout, si occupées du soin de leurs Petits, ne font ici que leur donner le jour. D'autres Mères, des Mères nourrices les élèvent, & ont pour eux autant d'attachement, que si elles leur avoient donné naissance. Non-seulement elles les soignent, les nourrissent, les défendent ; mais, elles construisent encore les Nids ou les Berceaux dans lesquels ils doivent croître, & la construction de ces Nids est si sçavante, le terrein & la matière y sont si habilement ménagés, qu'il n'y a qu'une géométrie transcendante qui puisse bien aprécier tout cela.

CHAPITRE XXVI.

Les Castors.

DE tous les Animaux qui vivent en Société, il n'en est point qui aprochent plus de l'Intelligence humaine, que les Castors. On est frappé d'étonnement, & comme stupéfié, à la vuë de leurs ouvrages, & peu s'en faut, qu'en lisant leur histoire, l'on ne s'imagine lire celle d'une Espèce d'Homme. L'on ne sçait ce qu'on doit admirer le plus dans leurs travaux, de la grandeur & de la solidité de l'entreprise, ou de l'art prodigieux, des vuës fines & du dessein général qui brillent de toutes parts dans l'exécution. Une Société de Castors semble être une Académie d'Ingénieurs, qui travaillent sur des plans raisonnés, qui les rectifient ou les modifient au besoin, qui les suivent avec autant de constance que de précision, qui sont tous animés du même esprit, & qui réünissent leurs volontés & leurs forces pour un but commun, qui est toûjours le bien général de la Société. En un mot ; il falloit découvrir les Castors, pour les ju-

ger poſſibles. Un Voyageur qui les ignoreroit, &
qui viendroit à rencontrer leurs habitations, croiroit être chez un Peuple de Sauvages très-in-
duſtrieux.

C'eſt vers les mois de Juin ou de Juillet, que
les Caſtors ſe forment en Corps de Société, au
nombre de deux à trois cents. Ils s'aſſemblent aux
bords des Lacs ou des Rivières. On ſçait qu'ils
ſont amphibies. Il leur importe ſurtout de ſe rendre maîtres des eaux, au milieu desquelles ils bâ-
tiſſent, & de prévenir les effets de leurs cruës &
de leurs baiſſes. Ils y parviennent, comme nous,
par des digues & par des écluſes. Le niveau des
eaux d'un Lac, varie peu & lentement. Si donc
ils s'établiſſent ſur un Lac, ils ſe dispenſent des
fraix d'une digue; mais ils ne manquent point d'en
élever une, s'ils s'établiſſent ſur une Rivière.

Cette digue eſt quelquefois un ouvrage immenſe, & qu'on ne comprend point que des Brutes
ayent pû projetter, commencer & finir. Repré-
ſentez-vous une Rivière de quatre-vingt ou cent
pieds de largeur. Il s'agit de rompre l'effort de
ſon courant. Les Caſtors conſtruiſent donc une
digue ou une chauſſée de quatre-vingt ou cent
pieds de longueur, ſur dix à douze d'épaiſſeur à ſa
baſe. Rien de plus vrai ni de moins vraiſembla-
ble, & quand on l'a vû & revû, l'on veut le re-
voir encore pour le croire.

Les Caſtors n'ont reçu pour tous inſtrumens,
que quatre fortes Dens inciſives, quatre Pieds, dont
les deux antérieurs ſont garnis d'une espèce de Doigts,
& une Queuë écailleuſe faite en manière de pêle
ovale. C'eſt pourtant avec de pareils inſtrumens

qu'ils maitrifent des eaux , & qu'ils ofent défier nos Maçons & nos Charpentiers, munis de leur truëlle, de leur plomb & de leur hâche.

S'ils trouvent fur le bord de la Rivière un grand Arbre, ils le coupent par le pié ; ils l'ébranchent, pour le coucher fuivant fa longueur, & en faire la principale pièce de la digue. Tandis qu'une partie des Caftors s'occupent à ce travail, d'autres vont chercher de plus petits Arbres , qu'ils coupent & taillent en forme de pieux, & qu'ils voiturent d'abord par terre, enfuite par eau, jufqu'au lieu où ils doivent être employés. Ils conftruifent avec ces pieux un pilotis, qu'ils fortifient en entrelaffant entre les pieux des branches d'Arbres. En même tems, d'autres Caftors apportent une forte de mortier, qu'ils ont paitri avec leurs Pieds. Ils le font entrer dans le vuide du pilotis & le battent enfuite avec leur Queuë. Ils plantent ainfi plufieurs rangs de pilotis, dont tout l'intérieur eft folidement maçonné. Sur le haut de la digue, ils pratiquent deux à trois ouvertures pour ménager des décharges à l'eau, & ils fçavent les élargir ou les rétrécir, felon que la Rivière hauffe ou baiffe. Si par l'impétuofité de fon courant, elle fait une brèche à la digue, ils fe mettent auffi-tôt à la réparer.

La digue eft proprement un ouvrage public, auquel tous les Caftors travaillent de concert. Dès qu'il eft achevé, la grande Société fe partage en plufieurs Sociétés particulières, qui prennent chacune leur quartier, & s'y conftruifent une habitation commode. Cette habitation eft une manière de hutte ou de cabane, ovale ou ronde, à

un ou plufieûrs étages, bâtie fur un pilotis plein
& qui fert à la fois de fondement & de plancher.
Les murs ont environ deux pieds d'épaiffeur, &
font très-bien maçonnés. Les parois font révêtuës
d'une forte de ftuc, apliqué avec tant de propreté, qu'il femble que la main de l'Homme y ait
paffé, & ce n'eft pourtant que la Queuë du Caftor
qui exécute cela. Le plancher eft couvert d'un
tapis de verdure, fur lequel ils ne fouffrent jamais de faletés. La cabane a toûjours deux iffuës
ou forties, l'une pour aller à terre, l'autre pour aller à l'eau. Les plus grandes cabanes ont huit à dix
pieds de diamètre, les plus petites, quatre à cinq.
Celles-là logent feize, dix-huit ou vingt Caftors;
celles-ci deux, fix ou huit Caftors. Il y a toûjours autant de Mâles que de Femelles.

Leur nourriture ordinaire eft l'Ecorce de quelque Bois tendre, comme l'Aûne, le Peuplier, le
Saule. Ils en font des amas pour l'hyver, qu'ils
renferment dans des Magazins, placés fous l'eau.
Chaque cabane a fon Magazin, où tous les Membres de la petite Société vont puifer.

Les plus grandes bourgades des Caftors font de
vingt à vingt-cinq maifons; mais de telles bourgades font rares. Les plus communes font de dix
à douze. Chaque République a fon diftrict, &
ne fouffre point d'Etranger.

Ici l'union du Mâle & de la Femelle femble être
moins l'effet de la néceffité que du choix. Après
avoir travaillé de concert avec les autres Caftors
aux ouvrages publics & particuliers, l'heureux
couple goûte les douceurs domeftiques, & tous
les plaifirs attachés à la Société conjugale.

La Femelle fait communément deux à trois Petits, & elle a été chargée seule des soins de l'éducation. Le Mâle ne les partage point. Il s'absente alors de la maison; il y revient néanmoins de tems en tems; mais il n'y séjourne pas.

Lors que de grandes inondations viennent à endommager les établissemens des Castors, toutes les Sociétés particulières se réünissent pour concourir aux réparations nécessaires. Si les Chasseurs leur déclarent une guerre cruelle, s'ils détruisent entièrement leur digue & leurs cabanes, ils se dispersent dans la campagne, se réduisent à la vie solitaire, se creusent des terriers, & ne montrent plus cette industrie que nous venons d'admirer.

CHAPITRE XXVII.

Réflexions sur les Castors.

LES Castors semblent faits pour confondre tous nos raisonnemens. Leur réünion en grand Corps de Société, pour travailler de concert à des ouvrages immenses; leur division en petites Familles ou en Sociétés particulières, chargées de la construction des maisonnettes; la nature de ces ouvrages, leur grandeur, leur solidité, leur propreté, leur appropriation si marquée à un but général, qui renferme tant de fins subordonnées; en un mot, leur ressemblance presque parfaite avec les ouvrages que les Hommes construisent dans les mêmes vûës; tout cela donne au travail des Castors une supériorité bien décidée sur celui des Abeilles, & paroît indiquer qu'il est bien moins méchanique. En effet, abattre des Arbres choisis à dessein, les tailler, les

débiter, en faire de grandes pièces de traverſe, les
mettre en place; couper de plus petits Arbres, en
former des pieux, planter dans une Rivière pluſieurs rangs de ces pieux, les entrelacer de branches d'Arbres, pour les fortifier & les lier les uns
aux autres; paîtrir du mortier, & maçonner ſoli-
dement l'intérieur des pilotis; procurer à tout cet
aſſemblage la forme, les proportions & la ſolidité
d'une grande digue; établir ſur cette digue des
eſpèces d'écluſes, les ouvrir & les fermer ſelon
que les eaux hauſſent ou baiſſent; bâtir derrière la
digue des maiſonnettes à un ou pluſieurs étages,
les fonder ſur un pilotis plein, les maçonner au dehors, les incruſter ou les révêtir au dedans d'une
couche de ſtuc apliquée avec autant de préciſion
que de propreté; couvrir les planchers d'un tapis
de verdure; ménager dans les murs des jours & des
ſorties pour différens beſoins; conſtruire des Magazins & les remplir de proviſions; réparer avec
diligence toutes les brêches qui ſurviennent aux
ouvrages publics, & ſe réünir de nouveau en grand
Corps de Société pour travailler en commun à ces
réparations: voilà des traits étonnans d'une induſtrie, qui ſembleroit ſuppoſer chez les Caſtors, un
rayon de cette lumière, qui élève l'Homme ſi
fort au deſſus de tous les Animaux.

Défions-nous cependant de ces premiers mouvemens de l'admiration. L'admiration ſaiſit trop
fortement ſon objet, & ne ſouffre guères que la
raiſon l'aprécie. Aſſurément il n'en eſt pas de la
conſtruction d'une grande digue, & de celle d'u-
ne maiſon, comme de la conſtruction d'un gâteau de Cire, & de celle de cellules hexagones,
à fond piramidal. On ſent, que le gâteau & les

cellules pourroient être, en quelque forte, jettés au moûle; mais, il n'y a point de moûle pour une digue & pour une maifon. Vous ne prendrez pas au pié de la lettre une expreffion figurée. Le travail des Abeilles n'eft pas moûlé, comme un Phyficien voudroit nous le perfuader fur des comparaifons déceptrices. Il eft façonné, pour ainfi dire, à la main; mais cette main peut opèrer méchaniquement. On ne fçauroit comparer la recolte, la préparation & l'emploi des Pouffières des Etamines, à la collection, la préparation & l'emploi des matériaux d'une digue. Les ouvrages des Caftors font certainement d'une toute autre nature que ceux des Abeilles; ils affectent avec les nôtres une foule de raports, qui les feroient juger *réfléchis*, fi l'on cédoit aux premières impreffions, & fi l'on n'analyfoit point les idées que le mot de *réflexion* repréfente. Les Caftors ne font fûrement pas plus Ingénieurs ou Architectes, que les Abeilles ne font Géomètres. Ne voit-on pas, que fi les Caftors avoient nos notions de Génie & d'Architecture, les Caftors d'aujourd'hui ne bâtiroient pas précifément comme ceux du tems de VESPUCE? L'Efprit humain combine & perfectionne fans ceffe; l'Efprit des Caftors ne combine & ne perfectionne jamais. Si feulement ils élevoient une fois des cabanes quarrées! mais ce font éternellement des cabanes rondes ou ovales. Ils fe meuvent, comme les Planètes, dans le cercle que la Nature leur a tracé, & ne le franchiffent jamais. En vain objecteroit-on, que les Sauvages d'aujourd'hui bâtiffent comme ceux d'autrefois: fi les Sauvages ne perfectionnent pas, ils n'en ont pas moins la faculté de le faire. Leur Cerveau eft organifé comme le nôtre; ils font doués de la parole; ils pratiquent entr'eux un certain droit des Gens, fort fupérieur à toute la police des Caftors. Et fi jamais il s'élevoit au milieu de ces Nations groffières des V A U B A N S & des P E R R A U L T S, leur bourgades deviendroient des villes, & leurs cabanes des palais. Attendrez-vous des V A U B A N S & des P E R R A U L T S chez les Caftors ? le Limon avec lequel la Nature a paîtri ces Animaux, n'eft point celui avec lequel elle paîtrit les Architectes : mais elle paroît quelquefois faire des Architectes & des Géomètres, quand elle ne fait que des Manoeuvres & des Automates. Chaque Animal a reçu fes dons particuliers, & fa mefure d'induftrie, rélatifs à fa deftination. Il en eft où le méchanique eft fi palpable, que nous ne pouvons nous le diffimuler. Il en eft d'autres, où il eft déguifé fous une apparence de réflexion & de génie qui nous féduit d'autant plus fûrement, que nous aimons davantage à l'être. D'ailleurs, il nous eft bien plus facile de faire raifonner la Brûte en Homme, que l'Homme en Brûte.

Avouions-le : les Caftors feront toûjours pour les Philofophes une énigme indéchifrable. Ils font doués d'une forte d'Intelligence, qui femble les placer entre l'Homme & les autres Animaux. Qu'il me foit permis néanmoins de hazarder une conjecture, que je ne donne que pour ce qu'elle eft. La doctrine des *Idées innées*, qui a eu jadis tant de partifans, & qui a été depuis fi folidement réfutée, ne feroit-elle point aplicable aux Brûtes ? La Brûte eft en naîffant, ce qu'elle fera toute fa vie. Ses coups d'effai font toûjours des coups de Maître. Point de tâtonnemens, point de méprifes proprement dites. Les jeunes Abeilles travaillent auffi régulièrement que les plus expérimentées. Des

Oiseaux qui n'ont jamais vû de Nid, nichent comme leurs Ayeux. Les Castors n'ont point d'école où la Jeunesse étudie. Les Abeilles, les Oiseaux, les Castors n'apporteroient-ils donc point en naîssant des idées de Gâteaux, de Nid, de Digue, de Cabane? Leur Corps n'auroit-il point été construit & monté sur des raports déterminés à ces idées? Ne représenteroit-il point par ces mouvemens divers, l'espèce, la suite & l'ordre de ces idées? Mais on convient assez que les idées tirent leur origine des *Sens*, & cela ne sçauroit souffrir de difficulté à l'égard des Animaux, puisque toutes leurs idées sont pûrement sensibles. Elles tiennent donc toutes aux Sens: il est même probable, que chaque idée a dans le Cerveau des Fibres qui lui sont apropriées. Nous l'avons vû ailleurs. (*) Ainsi nous ne penserons pas, que l'Ame de l'Animal naîssant renferme actuellement toutes les idées rélatives à sa conservation, & à celle de son Espèce: mais nous supposerons que le Cerveau contient actuellement des Fibres propres à exciter dans l'Ame, ces idées, à les y exciter dans un certain ordre, & rélativement à telle ou telle circonstance, où l'Animal se rencontrera quelque jour. Ce ne seroit donc pas proprement des *Idées innées* que nous admettrions; ce seroit des *Fibres innées*. Suivant cette hypothèse, le Cerveau des Castors contiendroit originairement un assemblage de Fibres propres à représenter à l'Ame une digue, une cabane, des pilotis, &c. & l'exécution de tout cela. Il y auroit ainsi dans l'Animal deux Systèmes particuliers, qui correspondroient l'un à l'autre; un Système *réprésentatif*, qui auroit son siége dans le Cerveau, & un Système *exécutif*, qui résideroit dans

(*) Part. V. Chap. 3. & 6.

les Membres & les autres Organes, deftinés à exécuter les repréfentations, ou à les *réalifer*. Et comme ces deux Syftèmes ont été calculés fur des raports déterminés aux différentes circonftances où
l'Animal pouvoit fe rencontrer, il eft bien naturel
que leur jeu varie rélativement à la diverfité des
fituations de l'Animal, & à fes befoins actuels. Le
Lecteur a faifi ma penfée. Il voudra bien préfu-
mer affez favorablement de moi, pour n'imaginer
pas, que je croye avoir trouvé le vrai mot de l'é-
nigme. Je n'ai fait que fubftituër à ce mot un
terme qui le repréfente.

Au refte que les Caftors ne déployent leur induftrie & leurs talens que dans l'état de Société;
qu'ils ceffent de travailler quand ils font réduits à
vivre folitaires ou prifonniers, qu'ils paroiffent alors
prefque ftupides; cela n'eft pas plus furprenant que
la langueur & l'inaction totale où tombent les Abeilles privées de leur Reine. Cinq ou fix Abeilles
féparées de leur Ruche, ne conftruiroient pas la
moindre Alvéole, pas même un feul pan de cette
Alvéole. Cette forte de folitude ne les priveroit
pas néanmoins de leurs Talens ni de leurs Organes.
Mais, les Abeilles *Républicaines* ont été appellées à
vivre en Société: elles ont été organifées pour cet
état: la folitude laiffe leurs Organes dans l'inaction:
ils y manquent de mobile. D'autres Abeilles, appellées à vivre *folitaires*, (*) ont été organifées
dans un raport à cette deftination différente: chaque Individu exécute donc par fes feules forces des
ouvrages admirables, qui font ailleurs le produit des
forces réünies d'un grand nombre d'Individus. Le

____

(*) Voyez le Chapitre 5. de cette Partie.

Caftors n'avoient pas été organifés principalement pour la folitude ; ils l'avoient été principalement pour la fociété. C'étoit elle qui devoit mettre leurs Talens en valeur, & leurs Organes en exercice. La folitude laiffe la plus grande partie de ces refforts fans action & fans vie.

Les Caftors demanderoient encore à être étudiés, & par des Obfervateurs que le merveilleux ne féduifit jamais. Il faudroit tenter de les dérouter en leur oppofant différens obftacles, en modifiant plus ou moins la forme de leurs ouvrages, en fubftituant adroitement à leurs matériaux des matériaux étrangers ; &c. Un bon nombre d'expériences, faites dans cet Efprit philofophique, porteroit la lumière dans les recoins où nous ne voyons que ténèbres.

DOUZIEME PARTIE

SUITE DE L'INDUSTRIE DES ANIMAUX.

CHAPITRE I.

Précis des Procédés industrieux de divers Insectes, relatifs à leurs Métamorphoses.

CE font les Procédés d'Animaux *solitaires* que nous allons parcourir. S'ils n'affectent pas ce grand air de réflexion & de prudence, cette lueur de génie, cette apparence de police & de législation, qui nous frappent dans ceux des Animaux *sociables*, ils ne laiffent pas de nous intéreffer, foit par leur fimplicité & leur fingularité, foit par leur diverfité & leur apropriation à une fin commune, dont ils font les moyens ingénieux & naturels. Après avoir contemplé le Gouvernement, les Moeurs & les Travaux d'une République, l'on peut fe plaire encore

ncore à considérer la vie & les occupations d'un Solitaire, & à passer ainsi des Monumens de Rome, à la Cabane de ROBINSON. Ces ouvrages que les Animaux sociables exécutent, & qui nous étonnent autant par leur grandeur, que par la beauté de leur ordonnance, résultent du concours de quantité d'Individus. Ils ont à passer par différentes Mains : les unes les ébauchent, les autres les perfectionnent, d'autres les finissent. Les ouvrages des Animaux *Solitaires*, partent d'une seule tête : là même Main qui les commence, les continuë, les achève, les répare. Chaque Individu a reçu son talent particulier, son tour d'adresse, par lequel il se suffit à lui-même, & pourvoit à tout.

Arrêtons - nous ici aux procédés rélatifs à la *Métamorphose* : c'est une grande affaire pour un de nos Hermites que de s'y préparer. Sa conservation dépend des précautions auxquelles il a recours à l'aproche de cette époque, la plus importante de sa vie. Les *Chenilles* nous offrent seules des exemples de presque tous les procédés, que la Nature a enseignés aux Insectes en ce genre. Bornons-nous surtout à cette classe.

CHAPITRE II.

Les Chenilles qui se pendent par le Derrière.

VOUS avez vû, (*) que la *Chrysalide* ne peut agir, & pourquoi. C'est la *Chenille* qui fait tout, & doit tout faire. Le point le plus essentiel est de mettre la Chrysalide en état de se tirer sans risque

(*) Part. IX. Chap. 10. &c.

TOME II. K

du Fourreau de Chenille. Pour y parvenir, les
Chenilles ont divers moyens. Le plus simple est de
se suspendre par le Derrière. Elles filent sur quelque appui, un petit monticule de soye ; elles y cram-
ponent fortement leurs deux dernières Jambes, &
se pendent ainsi la Tête en bas. Dans cette atti-
tude singulière, elles subissent leur Métamorphose
à-découvert. Le Fourreau de Chenille s'ouvre, &
laisse paroître la Chrysalide. De moment en moment elle se dégage davantage Mais, que devien-
dra-t-elle quand elle aura entièrement abandonné le
Fourreau ? Comment se soutiendra-t-elle en l'air ?
Comment parviendra-t-elle à s'accrocher au même
endroit où la Chenille l'étoit auparavant ? Elle a une
petite Queuë, & cette Queuë est garnie de Crochets.
Tout son Corps est encore très-souple. Avec ses
Anneaux, comme avec des Mains, elle saisit une
portion du Fourreau, & s'y cramponne. Un instant après elle allonge sa Partie postérieure, &
saisit avec d'autres Anneaux une portion plus élevée du Fourreau. Elle rampe ainsi à-reculons sur
la dépouille comme sur un gradin, & parvient enfin à accrocher sa Queuë au monticule de soye.
Le voisinage de la Dépouille l'incommode ; elle se
met à pirouëtter sur elle-même, pour la faire tomber, & en vient ordinairement à bout. Probablement ces pirouëttes n'ont pas une fin aussi raison-
née, qu'un grand admirateur des Insectes paroît l'a-
voir crû : l'attouchement de la dépouille irrite plus
ou moins la Peau très-délicate de la Chrysalide, &
met celle-ci en mouvement. Comme elle est suspenduë par un fil, il est bien naturel qu'elle pi-
rouëtte, & que la dépouille cède à ces petites
impulsions réitérées. Il y a une infinité de pareils
faits, qu'on exalte trop, & où il ne faut pas chercher plus de merveilleux, qu'il n'y en a ici.

CHAPITRE III.

Les Chenilles qui se lient avec une Ceinture.

Il ne convenoit pas à d'autres Chenilles d'être penduës de cette manière. Il falloit que leur Corps fût un peu assujetti contre l'appui, & la Nature leur en a enseigné le moyen. Elles se passent autour du Corps une Ceinture, faite de l'assemblage de quantité de fils de soye, dont les bouts sont collés à l'appui. Elles cramponnent aussi leurs dernières Jambes dans un monticule de soye. Il est tout simple après cela, que la Chrysalide se trouve liée & cramponnée comme l'étoit la Chenille. La Ceinture est lâche, & laisse à la Chrysalide la liberté d'exécuter ses petites manœuvres.

CHAPITRE IV.

Les Chenilles qui se construisent des Coques.

BEAUCOUP d'autres Espèces recourrent à des pratiques bien différentes pour se préparer à la Métamorphose. Elles se renferment dans des *Coques*, où elles subissent à-couvert leurs transformations. Qui le Ver-à-Soye n'a-t-il pas fait connoître cette industrie? Mais on se tromperoit, si l'on pensait, que toutes les Chenilles qui se construisent

des Coques, travaillent fur le modèle du Ver-à-
Soye. Leurs fabriques fe diverfifient autant que
celles qui nous fourniffent nos habits & nos meubles. Nous avons à regretter, que notre march[e]
ne nous permette pas de nous arrêter dans ces petits Atteliers, pour y confidérer de plus près le[s]
procédés ingénieux & variés des Ouvrières, la forme & les effets des Inftrumens qu'elles mettent [fi]
adroitement en oeuvre : mais, nous prendrons a[u]
moins une légère idée de leur travail, & de la diverfité de leurs manoeuvres.

Les Coques les plus généralement connuës fon[t]
de pure foye. Telle eft celle de ce Ver qui fournit tant à notre luxe. Leur forme eft ordinaire[-]
ment ovale. Elles la doivent au Corps même d[e]
l'Infecte, fur lequel elles font comme mouléez.
Tandis qu'il travaille, il fe contourne en manièr[e]
d'S ou de demi-anneau, & l'on voit affez, que le[s]
fils dont il s'enveloppe alors, doivent tracer autou[r]
de lui un ovale plus ou moins allongé. La Coqu[e]
eft une efpèce de pelotton, produit par les circon-
volutions d'un même fil. Je me fers là d'une com-
paraifon groffière & peu exacte : il y a bien plu[s]
d'art dans la conftruction d'une Coque, que dan[s]
la formation d'un pelotton ; mais cet art eft cach[é]
en partie. Le fil ne fait pas proprement des révolution[s]
autour de la Coque ; il y trace une infinité de zic-
zacs, qui compofent différentes couches de foye
d'où réfulte l'épaiffeur du tiffu. Une filière, pla[-]
cée près de la Bouche de l'Infecte, moule ce fi[l]
précieux. Avant que de paffer par la filière, l[a]
matière à foye fe montre fous l'afpect d'une Gom[-]
me prefque liquide, contenuë dans deux grand[s]
réfervoirs, repliés en manière d'Inteftins, & que

vont aboutir à la filière par deux conduits déliés & parallèles. Chaque conduit fournit ainsi la matière d'un fil : la filière réünit ces deux fils en un feul, & le Microfcope démontre cette réünion. Un fil de foye, qui nous paroît fimple, eft donc réellement double. Un fil de foye d'Araignée eft bien autrement compofé, quoique prodigieufement fin : il eft formé de la réünion de plufieurs milliers de fils, qui paffent par différentes filières. L'Hiftorien immortel du Ver-à-Soye s'eft affuré que la Coque de cet Infecte eft formée des lacis d'un même fil, dont la longueur eft de plus de neuf cent pieds de Bologne. Des Ecrivains trop épris du merveilleux, nous ont beaucoup vanté la prévoyance du Ver-à-Soye : ils nous l'ont préfenté comme prévoyant fa fin prochaine, & ordonnant lui-même les préparatifs de fa fépulture. Il ne manque à ces jolies chofes qu'un peu plus d'exactitude. Le Ver-à-Soye agit, il eft vrai, comme s'il prévoyoit ; s'enfuit-il néanmoins qu'il prévoye, & ne pourroit-il pas agir précifément de la même manière fans rien prévoir ? Quand il a pris tout fon accroiffement, fes réfervoirs à foye font auffi remplis qu'ils peuvent l'être : il eft apparemment preffé du befoin d'évacuër cette matière ; il l'évacuë, & la Coque eft le réfultat naturel de ce befoin, & des attitudes que prend l'Animal en y fatisfaifant. Ces attitudes font, fans doute, celles qui lui conviennent le mieux. Il fe foulage encore en les variant, & comme il eft à peu près cylindrique, de quelque manière qu'il fe bloye, il tend toûjours à tracer un ovale. En promenant fa filière de tous les côtés, il épaiffit de plus en plus le tiffu de fa Coque. Telle eft en général la fabrique de toutes les Coques de ce genre.

Il en est dont le tissu est si fin, si serré, si uni,
qu'il semble purement membraneux.

Quelques-unes de nos Fileuses donnent à leur
Coque une forme plus recherchée, & qui imite
celle d'un Bateau renversé. La Coque du Ver-à-
Soye est faite, pour ainsi dire, d'une seule pièce.
Les Coques *en Bateau* sont faites de deux pièces
principales, façonnées en manière de Coquilles, &
réünies avec beaucoup de propreté & d'adresse.
Chaque Coquille est travaillée à part, & formée
d'un nombre presqu'infini de très-petites boucles
de soye. Sur le devant de la Coque, qui repré-
sente le derrière du Bateau, est un rebord un peu
saillant, dans lequel on apperçoit une fente très-
étroite, qui indique l'ouverture ménagée pour la
sortie du Papillon. Là, les deux Coquilles peuvent
s'écarter l'une de l'autre, & laisser passer le Papillon. Elles sont construites & assemblées avec un
tel art, qu'elles font ressort, & que la Coque dont
l'Insecte est sorti, paroît aussi bien close, que celle
où il habite encore. Par cet artifice ingénieux le
Papillon est toûjours libre, & la Chrysalide en sûreté. Nous reviendrons ailleurs à des procédés analogues, plus singuliers.

Nos Fileuses n'ont pas toutes une égale provision de soye, & toutes semblent néanmoins vouloir se dérober aux yeux. Celles qui ne font pas
assez riches pour se faire une bonne loge de soye,
supléent à cette disette par différentes matières plus
ou moins grossières, qu'elles ont l'adresse de faire
entrer dans la construction de la loge. Les unes
se contentent de lui donner une couverture de
Feuilles, qu'elles lient ensemble, sans aucun art.
Les autres ne se bornent pas à entasser ces Feuilles.

& à les affujettir ; mais elles les arrangent avec une forte de régularité. D'autres s'avifent de poudrer tout le tiffu de leur Coque, avec une matière qu'elles rendent par le derrière, & qu'elles font pénétrer entre les fils. D'autres fe dépouillent de leurs poils, & en compofent un tiffu mi-foye & poils. D'autres, après s'être dépouillées, plantent leurs longs poils autour d'elles, & en forment une efpèce de palliffade en berceau. D'autres joignent à la foye & aux poils, une matière graffe, qu'elles tirent de leur intérieur, & dont elles bouchent les mailles du tiffu, qui en eft comme vernis. D'autres s'enfoncent dans le fable ou dans le menu gravier, & s'y conftruifent des Coques de fable, dont tous les grains font liés avec de la foye. D'autres enfin, qui n'ont point de foye, percent la Terre, y pratiquent une cavité, en forme de Coque, & en enduifent les parois avec une forte de glu ou de colle.

Une autre Efpèce, bien plus induftrieufe que les précédentes, exécute un ouvrage qu'on ne fe laffe point d'admirer. Vous venez de voir des Coques qui reffemblent à un Bateau renverfé : c'eft encore la forme que cette Efpèce donne à fa Coque ; mais elle ne la conftruit pas de pure foye. Avec fes Dents elle détache de petites lames d'Ecorce, de figure rectangulaire, à peu près égales & femblables, qu'elle affemble avec toute la propreté & toute l'adreffe d'un Ebénifte, & dont elle compofe les principales pièces de la Coque. Ces grandes pièces font ainfi formées d'une multitude de trés-petites pièces de raport, pofées les unes au bout des autres, & liées avec de la foye. En un mot,

K 4

on croit voir un parquet ou un ouvrage de mar-
quetterie.

C'est encore en Bois, que travaille une aut
Chenille, mais non avec le même art. Sa Coqu
de forme ordinaire, n'est faite que de petits fra
mens irréguliers, détachés du Bois sec. Le secr
de l'Insecte consiste à lier ces fragmens, & à e
composer une espèce de Boîte. Il y parvient e
les tenant quelques momens dans sa Bouche, en l
y humectant, & en les collant les uns aux autr
au moyen d'une sorte de glu, qui lui tient lieu
soye. Il se forme de ce mélange une Coque, do
la solidité égale presque celle du Bois. Le Pap
lon n'a point d'instrument pour la percer; il pe
apparemment la ramollir. La Chenille est cel
qui possède cette Liqueur acide dont j'ai parlé. (
Cette Liqueur ramollit sensiblement la Coque,
l'on a conjecturé avec fondement, qu'elle étoit pr
parée de loin pour mettre le Papillon en état
se faire jour.

CHAPITRE V.

Les Fausses Chenilles qui se construisent des Coques doubles.

DES Insectes, que leur ressemblance avec l
Chenilles, a fait nommer *Fausses-Chenilles*, sçaven
aussi se construire des Coques, & ces Coques on
de nouvelles singularités à nous offrir. Elles son
réellement doubles; je veux dire, que deux Coqu
sont renfermées l'une dans l'autre, sans tenir l'un

(*) Part. VIII. Chap. 5.

à l'autre. La Coque intérieure femble faite de parchemin ; quelquefois ce parchemin eft un ou- vrage à rézeau. La Coque intérieure, au con- traire, eft d'un tiffu très - fin, très-foyeux, très- luftré.

CHAPITRE VI.

Les Infectes qui vivent dans les Fruits.

LES plus folitaires de tous les Infectes font ceux qui vivent dans l'intérieur des Fruits. Il eft prou- vé, que chaque Fruit ne loge qu'une Chenille ou qu'un Ver. Nous ignorons la caufe de ce fait re- marquable. Nous fçavons feulement qu'un Ob- fervateur aïant tenté de faire vivre enfemble des Chenilles de cette Efpèce, elles fe livroient de fu- rieux combats toutes les fois qu'elles fe rencon- troient. Il eft donc bien décidé, que l'humeur de ces Chenilles eft anti-fociable. Plufieurs fe méta- morphofent dans le Fruit même, qui leur a fervi de retraite & de pâture ; elles s'y creufent des ca- vités, qu'elles tapiffent de foye, ou dans lesquelles elles fe filent des Coques. D'autres, & c'eft le plus grand nombre, fortent du Fruit, & vont fe métamorphofer dans la Terre.

CHAPITRE VII.

Les Infectes qui plient & roulent les Feuilles.

CE font encore de parfaits Hermites, que la plûpart des Infectes qui plient ou roulent les Feuil-

K 5

les de quantité de Plantes. Ce procédé est commun à beaucoup de Chenilles. Elles se procurent ainsi de petites cellules, qui sont des logemens commodes, & où elles trouvent en tout tems une nourriture assurée, car elles mangent les parois de la cellule; mais elles ont grand soin de ne toucher jamais à l'enveloppe destinée à les couvrir. Les différentes manières dont ces Chenilles se logent, donnent lieu de les distinguer en *Lieuses*, en *Plieuses* & en *Rouleuses*.

L'Art des *Lieuses* est en général le plus simple. Il consiste à lier avec des fils de soye plusieurs Feuilles, à en former un paquet, au centre duquel est la loge du petit Hermite.

Le procédé des *Plieuses*, suppose des manipulations plus recherchées. Elles plient les Feuilles *en entier* ou *en partie*. *En entier*, lors que la portion pliée est ramenée à plat sur une autre portion de la Feuille: *en partie*, lors qu'elles ne font simplement que courber la Feuille plus ou moins.

Mais, c'est le travail des *Rouleuses* qui se fait surtout admirer. Elles habitent une espèce de rouleau, dont la forme, les dimensions & la position varient en différentes Espèces. Les unes lui donnent une figure cylindrique: les autres, lui donnent la forme d'un cornet, & ce cornet est aussi bien fait que ceux des Epiciers. La Feuille est toûjours roulée en spirale, ou comme le font les *oublies*. Ordinairement le rouleau ou le cornet est couché sur la Feuille; mais quelquefois, ce qui est plus singulier, il y est planté comme une quille.

Mon Lecteur imagine - t - il la Méchanique qui préside à la construction de ces divers ouvrages? Conçoit - il comment un Insecte, qui n'a point de Doigts, parvient à rouler une Feuille, & à la tenir roulée? L'on sçait en général que les Chenilles filent: on entrevoit, que c'est à l'aide de leurs fils, que nos adroites *Rouleuses* font prendre aux Feuilles la forme d'un tuïau cylindrique ou conique. L'on voit en effet des paquets de fils, distribués de distance en distance, qui tiennent le rouleau assujetti à la Feuille. Mais, comment ces fils, qui ne semblent faire que la fonction de petits cables, ont - ils pû opérer le roulement de la Feuille? Voilà ce qu'on croit deviner, & qu'on ne devine point. On croit, qu'en attachant des fils au bord de la Feuille, & en tirant ces fils à elle, la Chenille force ce bord à s'élever & à se contourner: ce n'est point - du - tout cela. L'aplication que l'industrieux Insecte, fait de ses forces, est d'une plus fine Méchanique. Il attache bien des fils au bord de la Feuille; mais il ne les tire point à lui. Il en colle l'autre bout à la surface de la Feuille. Les fils d'un même paquet sont à peu près parallèles, & composent un petit ruban. A côté de ce ruban, l'Insecte en file un second, qui passe sur le premier & le croise. Voici donc le secret de sa Méchanique. En passant sur le premier ruban pour tendre le second, il pèse sur le premier de tout le poids de son Corps; cette pression, qui tend à enfoncer le ruban, oblige le bord de la Feuille auquel il tient, à s'élever. Le second ruban qui est collé à l'instant sur le plat de la Feuille, conserve au bord, l'élévation ou la courbûre que l'Insecte a voulu lui donner. Si l'on examine de près ces deux rubans, leur effet sera sensible. Le second paroîtra fort tendu, & le premier fort lâche; c'eſt que celui-ci n'a plus d'action, & qu'il n'en doit plus avoir. Vous comprenez à préſent que ce rouleau ſe forme peu à peu par la répétition des mêmes manoeuvres ſur différens points de la Feuille. Mais, il arrive ſouvent, que les groſſes Nervûres réſiſtent trop : l'Inſecte ſçait les affoiblir en les rongeant çà & là. Pour former un *Cornet*, il faut quelques manoeuvres de plus. La *Rouleuſe* coupe ſur la Feuille avec ſes Dents, la pièce qui doit le compoſer. Elle ne l'en détache pas en entier; il manqueroit de baſe : elle ne détache que la partie qui formera les contours du *Cornet*. Cette partie eſt proprement une lanière, qu'elle rôule à meſure qu'elle la coupe. Elle dreſſe le cornet ſur la Feuille, à peu près comme nous redreſſons un obéliſque incliné. Elle attache des fils ou de petits cables vers la pointe de la piramide; elle les charge du poids de ſon Corps, & force ainſi cette pointe à s'élever. Vous devinez le reſte; c'eſt la même Méchanique qui exécute un rouleau.

Ces cellules où la Chenille paſſe ſa vie, ſervent auſſi de retraite à la Chryſalide. Cette dernière ne s'accommoderoit pas apparemment d'une ſimple enveloppe de Feuille. La Chenille donne à la cellule une tapiſſerie de ſoye. D'autres Eſpèces s'y filent une Coque.

CHAPITRE VIII.

Les Infectes Mineurs de Feuilles.

IL eſt des Feuilles de Plantes qui n'ont guères que l'épaiſſeur du papier. Croiroit-on qu'il y a des Inſectes qui ſçavent ſe loger dans l'épaiſſeur de ſemblables Feuilles, & s'y mettre à l'abri des injures de l'air? Une Feuille eſt pour ces très-petits Inſectes un vaſte Païs, où ils ſe pratiquent des routes plus ou moins tortueuſes; ils minent dans le Parenchyme de la Feuille, comme nos Mineurs minent dans la Terre. Ils en ont auſſi pris le nom de *Mineurs de Feuilles*. Ils ſont extrêmement communs: les uns appartiennent à la claſſe des Chenilles; les autres à celle des Vers. Ils ne peuvent ſouffrir d'être à nud, & c'eſt pour ſe couvrir qu'ils ſe gliſſent entre les deux Peaux d'une Feuille. Ils y trouvent en même tems leur ſubſiſtance. Ils en mangent le Parenchyme ou la Pulpe, & ils font chemin en mangeant. Les uns s'y creuſent des Boyaux droits ou courbes. Ce ſont des Mineurs *en Galleries*. Les autres minent tout-autour d'eux, dans des eſpaces circulaires ou oblongs, & ce ſont des Mineurs *en grand*. Les Dents ſont les inſtrumens au moyen deſquels les Chenilles minent; mais parmi les Vers *Mineurs*, on en voit qui piochent le Parenchyme à l'aide de deux crochets équivalens à nos pioches. C'eſt dans la Mine même que pluſieurs de ces Inſectes ſe filent la Coque où ils doi-

vent fe transformer. D'autres fortent de la Mine &
vont filer ou fe métamorphofer ailleurs. Les Papillons
qui proviennent des Chenilles *Mineufes*, font de petits
Miracles de la Nature. Elle leur a prodigué l'Or,
l'Argent & l'Azur. Elle a même mieux fait que de
les prodiguer ; elle les a affociés avec goût à des couleurs plus ou moins riches, & l'on regrette qu'elle
n'ait pas travaillé en grand de tels Chef-d'oeuvres.

Mais, les *Mineurs* ont quelque chofe de plus admirable à nous offrir. Donnez votre attention à
ces Feuilles de Vigne que vous avez fous les yeux.
Elles font percées de trous ovales, qui femblent y
avoir été faits avec un *Emporte-pièce*. Des Chenilles *Mineufes* ont fait ces trous, en détachant de
la Feuille deux morceaux de Peau, dont elles fe
font fabriqué une Coque : voilà cette Coque pofée
perpendiculairement fur un Echalas, à une affez
grande diftance de la Feuille qui en a fourni les
matériaux. Comment a-t-elle été taillée, façon-
née, détachée, transportée ? Ne tentons pas de le deviner : tentons plutôt de furprendre l'induftrieufe Ouvrière fur fon Etabli. Elle mine *en Gallerie*, & c'eft à
l'extrêmité de la Gallerie, qu'elle conftruit fa Coque.
Deux morceaux de Feuille, de figure ovale, très-
minces, égaux & femblables doivent la compofer. La
Chenille prépare ces pièces ; elle les amincit, en les
déchargeant du Parenchyme ; elle les modèle ; elle les
double de foye ; elle les coupe avec fes Dents,
comme avec des cizeaux ; elle les affemble & les
unit. Déja ils ne tiennent plus à la Feuille, &
pourtant la Coque ne tombe point : la Chenille a
pris la précaution de la retenir par quelques fils à
l'efpèce de cadre dont elle eft bordée. La Coque
finie, la Chenille fe met en devoir de la détacher

de sa place, & de la transporter. Elle a laissé une petite ouverture à un des bouts. Par cette ouverture, elle fait sortir sa Tête; elle la porte en avant, saisit avec ses Dents un point d'appui, & faisant effort, elle tire la Coque à elle. Les fils qui la retenoient, cèdent, & la Chenille emporte sa petite Maison, comme le Limaçon sa Coquille. Voyez-la cheminer : sa marche est un nouveau mystère. L'on avoit dit, que toutes les Chenilles ont au moins dix Jambes : celle-ci en est absolument dépourvuë, & nous montre ce qu'on doit penser des Nomenclatures. Opposons à sa marche un Verre très-poli, posé perpendiculairement. Elle n'en est point arrêtée, & la voilà qui grimpe sur ce Verre comme sur une Feuille. Par quel art secret y trouve-t-elle prise ; car elle n'a ni Jambes, ni Crochets pour s'y cramponner ? Vous avez vû des Chenilles, qui filent de petits monticules de soye, où elles se fixent. (*) Notre *Mineuse* file de pareils monticules, de distance en distance, sur le plan qu'elle parcourt. Avec ses Dents, elle saisit un de ces monticules, qui devient pour elle un point d'appui ; elle tire à elle la Coque, & l'amène près du monticule ; elle l'y attache ; elle porte ensuite sa Tête en avant ; elle file un second monticule ; elle s'y cramponne comme au premier ; elle fait effort pour détacher la Coque, la détache, la traîne vers le nouveau monticule, l'y attache encore, & ce second pas fait vous dévoîle le secret de son ingénieuse Méchanique. Elle laisse ainsi sur les Corps qu'elle parcourt de petites traces de soye, produites par les monticules, qu'elle file d'espace en espace. Parvenuë au lieu où elle veut se fixer,

(*) Chap. I. de cette Partie.

elle y arrête sa Coque à demeure, & la place dans
une situation verticale. Il en sort ensuite un très-
joli Papillon, aussi richement vêtu, que ceux des
autres Mineuses, & du même Genre.

CHAPITRE IX.

Les Fausses-Teignes.

D'AUTRES Insectes habitent dans de grandes
Galleries de soye, qu'ils prolongent & élargissent à
mesure qu'ils croissent. Ils les recouvrent de matières grossières, & souvent de leurs excremens. Ils
construisent de ces Galleries sur les divers Corps
dont ils se nourrissent, & qui varient suivant l'Espèce de l'Insecte. L'on a donné le nom de *Fausses-Teignes* à toutes les Espèces qui se font de semblables Fourreaux. Vous sçavez, que ceux des
vrayes *Teignes* sont portatifs. Les Fausses-Teignes
les plus remarquables, sont celles qui s'établissent
dans les Ruches des Abeilles, & qui en détruisent
les Gâteaux. Elles n'ont point d'armes deffensi-
ves, elles ne sont recouvertes que d'une Peau molle
& délicate, & pourtant la Nature les a appellées à
vivre aux dépens d'un petit Peuple guerrier très-
bien armé, & très-disposé à défendre ses établissemens. Nos Ingénieurs recourrent souvent aux mines & à la sappe pour réduire les Places. Il étoit
encore plus nécessaire à nos Fausses-Teignes d'ex-
celler dans cette sorte d'attaque, & leurs ouvrages
prouvent qu'elles y excellent. Elles ne marchent
jamais qu'à couvert. Elles poussent dans l'épaisseur
des Gâteaux de longs Boyaux, qu'elles dirigent à
leur gré, & où elles sont toûjours en sûreté contre l'Ennemi. Ces espèces de Galleries garnies in-

térieu-

térieurement d'un tiſſu de ſoye aſſez ſerré, & révêtuës par dehors d'une épaiſſe couche de grains de
Cire & d'excrémens. Ainſi les beaux ouvrages des
laborieuſes Abeilles ſont détruits ſourdement par un
Ennemi qu'elles ne peuvent découvrir, & qui les
force quelquefois à abandonner leur Ruche. Ce
n'eſt point au Miel, que les Fauſſes-Teignes en
veulent : elles ne percent point les cellules qui en
contiennent. Elles ne mangent que la Cire, &
cette Matière que la Chymie ne ſçait pas diſſou-
dre, leur Eſtomac l'analyſe. Quand elles ont pris
tout leur accroiſſement, elles ſe font au bout de la
Gallerie une Coque de ſoye, qu'elles ne manquent
point d'envelopper de grains de Cire.

C'eſt dans nos Greniers, que d'autres Fauſſes-
Teignes s'établiſſent, & qu'elles multiplient avec
excès. Elles en veulent à notre plus précieuſe
denrée. Elles lient enſemble des grains de Blé ;
elles ſe filent au milieu de cet amas de grains, un
petit tuyau, où elles ſe logent. Là, elles ſont
toujours à portée d'une nourriture abondante. Elles rongent à leur aiſe les grains qu'elles ont eu ſoin
d'aſſujettir à leur Fourreau, & qui en ſont comme
l'enveloppe. A' l'aproche de la Métamorphoſe,
elles abandonnent ce Fourreau ; elles ſe nichent dans
l'intérieur d'un grain ou dans les petites cavités
qu'elles creuſent dans les planchers : elles les ta-
piſſent de ſoye, & s'y transforment en Chryſalide.

CHAPITRE X.

Des Teignes en général.
Les Teignes Domestiques.

Il est peu d'Insectes, qui ayent autant de droit à notre admiration, que ceux qui sçavent, comme nous, se faire des habits, & qui l'ont sçu sans doute avant nous. Comme nous, ils naissent nuds; mais à peine sont-ils nés, qu'ils travaillent à se vêtir. Vous comprenez que je parle des *Teignes.* Toutes ne s'habillent pas d'une manière uniforme, & n'employent pas dans leurs habillemens les mêmes matières. Il y a peut-être plus de diversité à cet égard dans les Modes des Teignes de différentes Espèces, que dans celles de différens Peuples de la Terre. Spectacle intéressant pour l'Observateur, & que le Contemplateur de la Nature ne peut considérer comme tout le reste, que d'une vûe très-générale. Nous avons entrevû les Teignes *Domestiques:* (*) elles méritent bien que nous leur donnions encore quelques momens d'attention. La forme de leur habit étoit la plus convenable: elle répond précisément à celle de leur Corps. C'est un petit Fourreau cylindrique, ouvert par les deux bouts. L'Etoffe est de la fabrique de la Teigne. Un mélange de soye & de poils en composent le tissu: mais il ne seroit pas assez doux pour l'In-

(*) Part. XI. Chap. 2.

fecte; il le double de pure foye. Nos meubles de laine & nos fourrures fourniffent à ces Teignes les Poils qu'elles employent dans la fabrique de leurs étoffes. Elles font un choix de ces Poils; elles les coupent avec leurs Dents, & les incorporent artiftement dans le tiffu foyeux. Elles ne changent jamais d'habit : celui qu'elles portoient dans leur enfance, elles le portent encore dans l'âge de maturité. Elles fçavent donc l'allonger & l'élargir à propos. L'allonger n'eft pas une affaire : elles n'ont pour cela qu'à ajouter de nouveaux fils & de nouveaux poils à chaque bout. Mais, l'élargir, n'eft pas chofe fi facile. Vous avez vû (*) qu'elles s'y prennent précifément comme nous nous y prenons en pareil cas. Elles fendent le Fourreau de deux cotés oppofés, & y infèrent adroitement deux pièces de largeur requife. Elles ne fendent pas le Fourreau d'un bout à l'autre : les cotés s'écarteroient trop, & elles feroient à nud. Elles ne le fendent de chaque coté, que jusques vers le milieu de fa longueur. Ainfi au-lieu de deux pièces ou de deux élargiffûres, elles en mettent quatre. La Raifon ne procéderoit pas mieux. Leur habit eft toujours de la couleur de l'étoffe fur laquelle il a été pris. Si donc la Teigne dont l'habit eft bleu, paffe fur un drap rouge, les élargiffûres feront rouges; elle fe fera un habit d'Arlequin; fi elle paffe fur des draps ou des étoffes de plufieurs couleurs. Elles vivent des mêmes Poils dont elles fe vêtiffent. Il eft fingulier qu'elles les digèrent; plus fingulier encore que les couleurs ne s'altèrent point par la digeftion; & que leurs excrémens foyent toujours d'une auffi belle teinte que celle des draps

______
(*) Part. XI. Chap. 2.

qu'elles rongent. Les Peintres pourroient s'affortir auprès de nos Teignes de poudres de toutes couleurs, & de toutes les nuances de la même couleur. Elles font de petits voyages: celles qui s'établiffent dans les fourrures, n'aiment pas à marcher fur de longs Poils ; elles coupent tous ceux qui fe trouvent fur leur route, & ne marchent jamais que la faux à la main. De tems en tems elles fe repofent: alors elles fixent leur Fourreau par de petits cordages, & le mettent pour ainfi dire à l'ancre. Elles l'arrêtent plus folidement encore, quand elles veulent fe métamorphofer. Elles en ferment exactement les deux bouts, pour y révêtir plus en fûreté la forme de Chryfalide, & enfuite celle de Papillon.

CHAPITRE XI.

Les Teignes Champêtres, & les Teignes Aquatiques.

LE s Teignes *Champêtres*, dont nous n'avons point à redouter les attaques, l'emportent beaucoup en induftrie fur les Teignes *Domeftiques*. Elles prennent dans les Feuilles des Plantes la matière de leurs habits ; mais, il faut qu'elles apprêtent cette matière, & qu'elles lui donnent la légèreté & la foupleffe propres à leurs vêtemens. Ces Teignes font des Efpèces de *Mineufes* ; & elles fe gliffent entre les deux Membranes d'une Feuille, qui font pour elles ce qu'une pièce de drap eft pour un Tailleur ; avec cette différence, que celui-ci a befoin d'un *patron*, & que nos Teignes fçavent s'en paffer. Elles détachent de ces Membranes toute la fubftance charnuë qui leur eft adhérente : elles le amincissent & les polissent. Elles coupent ensuite dans ces Membranes ainsi préparées, deux pièces, à peu près égales & semblables ; elles travaillent à leur donner la concavité, la courbûre, les contours & les proportions que requiert la forme de leur Fourreau, & cette forme est souvent très-recherchée. Elles les assemblent & les unissent avec une propreté & une adresse incroyables, & finissent par les doubler de soye. Elles n'ont plus alors qu'à desengrainer l'habit de dedans la Feuille où il a été pris & taillé, & cela n'exige que quelques efforts. Il est de ces Fourreaux qui portent du coté du dos de petites dentelûres qui les ornent beaucoup, & les font paroître plus composés. Ces dentelûres ne sont autre chose que celles de la Feuille dans laquelle ces Fourreaux ont été façonnés. Les Teignes *Champêtres* se métamorphosent dans leur habit, comme les Teignes Domestiques dans le leur. Nous n'avons fait encore qu'entrevoir l'art industrieux des Teignes *Champêtres* ; nous le considérerons ailleurs de plus près, & nous ne reviendrons point de notre étonnement. Au reste, l'habit de ces Teignes n'est pas fait pour être allongé & élargi ; quand il devient trop étroit, elles en font un autre.

Quantité de Teignes *Champêtres*, & de Teignes *Aquatiques*, car les Eaux ont aussi leurs *Teignes*, n'entendent point à préparer l'étoffe de leurs vêtemens. Aussi les matières qu'elles mettent en oeuvre, ne sont-elles susceptibles d'aucune préparation. Des brins de Bois, de petites baguettes, des fragmens de Feuilles, des morceaux d'Ecorce &c. posés en recouvrement comme les tuiles, révêtent extérieurement le Fourreau, qui est de pure soye. D'autrefois il est recouvert de Gravier, de petites Pier-

res, de morceaux de Bois, de parcelles de Roſeau
de petites Coquilles, tantôt de Moûles, tantôt de Limaçons, & ce qu'on n'imagineroit pas, les Moûles &
les Limaçons habitent encore ces Coquilles : enchaîné
au Fourreau, ils ſont forcés de ſuivre la Teigne
qui les porte où il lui plaît. Une Teigne vêtue
ainſi ne reſſemble pas mal à certains Pélerins. Celles qui ſont couvertes de Bois, de Gravier, de
Pierres & d'autres matières auſſi lourdes, liées enſemble, reſſemblent aſſez à un Soldat Romain peſ-
ſamment armé. Vous jugez bien, que de pareils
habits doivent avoir des formes très-baroques : il
en eſt pourtant de fort jolis, & où l'arrangement
ſymétrique des matériaux compenſe un peu leur
extrême groſſièreté. Les Teignes Aquatiques trouvent quelque avantage à s'habiller d'une façon ſi
étrange. Il faut qu'elles ſoyent toujours en équilibre avec l'Eau au milieu de laquelle elles vivent.
Si leur Fourreau devient trop léger, elles y attachent une petite Pierre ; s'il devient trop peſant, elles
y attachent des brins de Roſeau. Toutes ces Teignes
ſe métamorphoſent dans leur Fourreau ; les unes en Papillon, les autres en Mouches, d'autres en Scarabés.

Quelques Teignes *Champêtres* n'empruntent point
pour ſe vêtir des matières étrangères ; elles s'habillent
de pure ſoye ; mais leur tiſſu eſt bien plus ſerré, bien
plus fin, bien plus luſtré que celui des plus belles
Coques des Chenilles. Il a encore une ſingularité
de plus ; il eſt tout compoſé de petites Ecailles
ſemblables à celles des Poiſſons, & qui ſe recouvrent
un peu les unes les autres. Le Fourreau eſt quelquefois ſurmonté d'une enveloppe en forme de Man-
teau, qui le couvre presque en entier, & qui eſt
compoſé de deux pièces principales, dont la figure

imite celle d'une Coquille *bivalve*, ou à deux battans. Des Teignes, qui puisent dans leur propre fond la matière de leur habit, devoient sçavoir l'allonger & l'élargir : il leur en auroit trop couté de s'en faire un neuf au besoin. Aussi entendent-elles à merveille à l'agrandir. Elles n'y mettent pas des *élargissures* à la manière des Teignes Domestiques : elles le fendent de place en place suivant sa longueur, & remplissent sur le champ les intervalles par de nouveaux fils, d'une longueur proportionnée à l'ampleur requise. Ce Fourreau, de forme singulière, devient aussi pour elles une sorte de Coque, où elles se transforment en Papillons.

CHAPITRE XII.

Réflexions sur ces divers Procédés des Insectes.

VOUS avez parcouru d'une vuë rapide les Procédés d'une multitude d'Insectes différens, & vous vous étonnez avec raison de la grande variété qui règne dans ces Procédés, tous rélatifs à une même fin générale, & tous aussi diversifiés que le sont ceux de nos Artisans ou de nos Artistes. D'où vient que parmi les Insectes qui se préparent à la Métamorphose, les uns se pendent par le Derrière, les autres se lient avec une Ceinture, d'autres se construisent des Coques. D'où vient, que parmi ceux qui se construisent des Coques, les uns les font de pure soye, tandis que les autres y employent des matières de divers genres ? Pourquoi la forme de ces Coques est-elle si différente chez différentes Espèces ? Pourquoi est-il des Insectes qui roulent artistement les Feuilles des Plantes, tandis que d'autres ne font que les lier ou les plier ? D'où vient, que d'autres minent ces Feuilles, & pourquoi ne les minent-ils pas tous de la même manière? Pourquoi enfin, toutes les Teignes ne portent-elles pas le même habit?

Tous ces *pourquoi*, & mille autres qu'on peut former fur les Productions de la Nature, font autant d'énigmes pour des Etres rélégués dans un coin de l'Univers, & dont la vûë, auffi courte que celle de la Taupe, ne fçauroit apercevoir que les objets les plus voifins, & les raports les plus directs, & les plus faillans. Les ouvrages des Infectes font les derniers réfultats de leur organifation, & cette organifation répond au rôle qu'ils devoient jouër dans la grande Machine du Monde. Ils en font, à la vérité, de bien petites Pièces; mais, ces Pièces concourrent à un effet général, par leur engraînement avec des Pièces plus importantes. Ainfi la Ceinture que fe file une Chenille, a fes raports à l'Univers, comme l'Anneau de Saturne. Mais, combien de Pièces différentes interpofées entre la Ceinture & l'Anneau, & entre Saturne & les Mondes de *Syrius!* Si l'Univers eft un Tout, & comment en douter après tant & de fi belles preuves d'un enchaînement univerfel? (*) la Ceinture de la Chenille tiendra donc auffi aux Mondes de Syrius. Quelle Intelligence que celle qui faifit d'une feule vûë cette chaîne immenfe de raports divers, & qui les voit fe réfoudre tous dans l'*Unité*, & l'Unité dans fa CAUSE!

Il faut bien que nous demeurions dans la place qui nous a été affignée, & d'où nous ne pouvons découvrir que quelques chaînons de la chaîne. Un

(*) Part. I. Chap. 3. & 7.

pour nous en découvrirons davantage, & nous les verrons mieux. En attendant, nous pouvons envisager les Procédés si variés & si industrieux des Insectes, comme un agréable spectacle que la Nature présente aux yeux de l'Observateur, & qui devient pour lui une source intarissable de plaisirs réfléchis & d'instructions utiles. Il est conduit à l'AUTEUR de l'Univers par le fil de la Chenille, & il admire dans la variété des moyens, & dans leur tendance au même but, la Fécondité & la Sagesse de l'INTELLIGENCE ORDONNATRICE.

Le spectacle est plus intéressant encore, lorsque l'Observateur entreprend de dérouter les Insectes, & de les tirer de leur cercle naturel. Ils montrent alors des ressources, qu'il n'avoit pas lui-même prévuës, & qui trompent son attente. Lorsque les Fausses-Teignes de la Cire, manquent de Cire, elles sçavent se faire des Galleries de Cuir, de Parchemin, ou de Papier. On a vû une Chenille parvenir à se construire une Coque avec de petits morceaux de Papier, qu'on lui avoit offert, & qu'on avoit coupés comme on avoit voulu. Elle les saisissoit avec ses Dents & ses premières Jambes, les transportoit au lieu où elle s'étoit établie, les mettoit en place, les lioit avec des fils, posoit les uns sur la tranche, les autres de plat, & formoit de tout cela un assemblage un peu bizarre, il est vrai, mais qui répondoit parfaitement à une Coque. Elle lui auroit donné une figure plus régulière, si elle avoit travaillé avec les matériaux destinés à son Espèce. Avant que nous eussions apris à préparer & à aprêter les Laines & les Peaux des Animaux, les Teignes *Domestiques* n'alloient pas apparemment toutes nuës. Peut-être qu'elles s'habilloient alors à la

manière des Teignes *Champêtres*. Cette réflexion
nous achemine à tenter d'obliger différentes Teignes
à se vêtir différemment. Il seroit curieux encore
d'en obliger d'autres à aller nuës. Il s'en trouve-
roit probablement qui se passeroient fort bien d'habit. Une suite de Générations de ces Teignes
élevées nuës, nous aprendroit, si elles oublieroient
enfin l'art de se vêtir. &c. &c.

CHAPITRE XIII.

Procédés des Coquillages.

La Moule de Rivière.

Nous n'attendons pas beaucoup des *Coquillages*
renfermés dans un Etui presque pierreux, & qui
fait partie de leur être, ils nous paroîssent bien
lourds, & pour peu qu'ils nous montrent d'industrie
nous leur en tiendrons grand compte. Tous ne sont
pourtant pas aussi lourds qu'ils le paroîssent : nous
allons contempler avec plaisir les Procédés de quelques-uns.

Vous sçavez, que les *Moules* habitent une Coquille *à deux Battans*. Les deux Pièces sont unies
par une sorte de charnière, que la Moule fait jouër
pour ouvrir & fermer à son gré la Coquille. La
structure de l'Animal n'est pas notre objet actuel : nous
voulons voir ce qu'il sçait faire. Il s'agit de la
Moule *des Rivières*. En voilà une dont la Coquille
repose à plat sur le Sable. Dans peu de tems
cette Coquille sera assez loin du lieu où elle vous
paroît maintenant collée. Ce ne sera pas la Rivière qui lui fera changer de place ; ce sera la Moule

Elle-même qui la transportera.) Vous cherchez à pénétrer comment elle s'y prendra, & vous ne le découvrez point. Laissez-la faire, & suivez-la. Elle entr'ouvre sa Coquille : elle en fait sortir une espèce de Langue ou de Trompe charnuë Je vous préviens, que son dessein est de mettre sa Coquille sur le tranchant : elle repose encore sur un de ses cotés, & ce coté est à peu près plat, & le terrein horizontal. Comment donc réüssira-t-elle à relever la Coquille, & à la poser sur sa tranche ? Elle n'a pour tout instrument que sa Trompe. Avec cette Trompe, elle laboure le Sable autour de sa Coquille ; elle creuse un petit fossé ; elle y fait tomber la Coquille, qui se trouve ainsi posée presque verticalement sur son tranchant. La Moule porte sa Trompe en avant ; elle l'allonge le plus qu'elle peut ; elle en cramponne l'extrêmité dans le Sable ; & à l'aide de ce point d'appui, elle tire à elle la Coquille, qui achève de se relever : la voilà qui pose toute entière sur sa tranche. Mais, la Moule veut aller en avant. Sa Trompe trace dans le Sable un sillon ou une rainure : elle se cramponne comme la première fois : la Moule tire à elle la Coquille ; celle-ci glisse dans la rainure, qui la maintient sur son tranchant. La Moule fait ainsi chemin, & nous montre dans sa Méchanique une ressource que nous n'avions pas imaginée. Sa Trompe lui tient lieu de Mains & de Pieds, & suffit à tout : aussi est-elle plutôt une Main ou un Pié, qu'une véritable Trompe.

CHAPITRE XIV.

Autres Coquillages.

La Telline.

DIVERS Coquillages de Mer, (*) dont la Coquille est encore *à deux Battans*, se meuvent par une Méchanique peu différente. La pluspart sont pourvûs de deux Tuyaux, au moyen desquels ils respirent l'eau, & qu'ils ont grand soin de tenir élevés au dessus de la vase, dans laquelle ils ont coûtume de s'enfoncer plus ou moins. Il en est qui font jaillir l'eau à plusieurs pieds de distance. La Partie unique, qui dans quelques-uns, exécute le mouvement progressif ou rétrograde, ressemble fort bien à une véritable Jambe munie de son Pié, mais cette Jambe est un Prothée, qui prend toutes sortes de formes pour satisfaire aux besoins de l'Animal. Elle ne lui sert pas seulement à ramper, à s'enfoncer dans la vase ou à s'en retirer ; mais, il s'en sert encore avec beaucoup d'adresse, pour exécuter un mouvement, dont on ne se douteroit pas qu'un Coquillage fût capable. Un Coquillage qui saute, doit paroître un spectacle bien nouveau. C'est une *Telline* que vous avez actuellement sous les yeux. Remarquez qu'elle a mis sa Coquille sur la pointe ou le sommet, comme pour diminuer les

(*) Les *Moules*, les *Lavignons*, les *Palourdes*, les *Sourdons*, &c.

rottemens Elle allonge fa Jambe le plus qu'il lui eſt poſſible ; elle lui fait embraſſer une portion conſidérable du contour de la Coquille, & par un mouvement ſubit, analogue à celui d'un Reſſort qui ſe débande, elle frappe de ſa Jambe le terrein, & ſaute ainſi à une certaine diſtance.

CHAPITRE XV.

Le Coutelier.

Le *Coutelier* ne rampe point. Il perce le Sable perpendiculairement. Il s'y creuſe un trou ou une ſorte de cellule, qui a quelquefois deux pieds de longueur, & dans laquelle il monte & descend à ſon gré. Sa Coquille, dont la figure imite un peu celle d'un Manche de Couteau, lui a fait donner le nom de *Coutelier*. Elle eſt compoſée de deux longues Pièces, creuſées en goutière, & réünies par des Membranes. C'eſt un Etui qui renferme le Corps de l'Animal. La Partie à l'aide de laquelle il exécute tous ſes mouvemens, eſt logée au centre. Elle eſt deſtinée à faire principalement la fonction de Jambe, & elle s'en acquitte au mieux. Elle eſt charnuë, cylindrique, & aſſez longue. Son bout peut, quand il le faut, s'arrondir en manière de Boule. Voyez ce Coutelier étendu de ſon long ſur le ſable. Il va travailler à s'y enfoncer. Il fait ſortir ſa Jambe par le bout inférieur de la Coquille : il l'allonge & fait prendre à ſon extrêmité la forme d'une Pêle tranchante des deux cotés, & terminée en pointe. Il la dirige vers le Sable, & ſe ſert du tranchant & de la pointe pour l'y engager un peu avant. L'ouverture faite, il allonge ſa Jambe encore davantage ; il la fait pénétrer plus bas

dans le Sable ; il la recourbe en crochet, & fai-
fiffant avec ce crochet un point d'appui, il tire
lui la Coquille, l'oblige à fe redreffer peu à pé
& à descendre dans le trou. Veut-il continuer
s'enfoncer ? Il fait fortir toute fa Jambe hors de
la Coquille ; il engage dans le Sable la Boule qui
termine alors ; il r'accourcit auffitôt cette Jambe
fa groffe Tête, engagée fortement dans le trou, réfifte plus à remonter, que la Coquille à descendre
elle descend donc, & c'eft un premier pas que le
Coutelier fait dans le Sable : il n'a qu'à répéter le
mêmes manoeuvres, pour s'enfoncer toujours plus.
Veut-il remonter ? il ne fait fortir que la Boule ;
il fait en même tems effort pour allonger la Jambe ; la Boule qui réfifte à descendre, pouffe la Coquille vers le haut du trou. Il eft affez fingulier
que le Coutelier, qui vit dans l'Eau falée, craign[e]
le Sel. Si l'on en jette une pincée dans fon trou,
il en fortira promptement. Si on le prend, &
qu'on le laiffe enfuite r'entrer dans fa cellule, on
aura beau y jetter du Sel, il n'en fortira plus. On
diroit qu'il fe fouvient d'avoir été pris, & cela eft
fi vrai, que lors qu'on ne cherche point à le prendre, on le fait toujours fortir à volonté, en jettant
du nouveau Sel dans le trou. Il femble donc qu'il
connoiffe le piège qu'on lui tend, & qu'il ne veuill[e]
pas s'y laiffer prendre.

CHAPITRE XVI.

Les Dails ou Pholas.

JETTEZ les yeux fur cette Pierre, que je viens
de ramaffer au bord de la Mer. Un Coquillage
vivant y fait fa demeure. Si je n'ajoutois pas qu'il

& vivant, vous croiriez que je veux vous montrer une Pétrification, & votre curiosité ne seroit pas excitée par une chose si commune. Remarquez sur la surface de la Pierre un trou fort petit : c'est par là que le Coquillage y est entré, & vous jugez de la petitesse de ce Coquillage par celle de cette ouverture. Partageons la Pierre pour voir le singulier animal qui l'habite. Quelle n'est point votre surprise ! voilà un gros Coquillage, qui a près de trois pouces de longueur, & dont la Coquille est formée de trois Pièces unies par une Membrane ligamenteuse. Il est logé dans une grande cavité, creusée en manière d'entonnoir ou de cône tronqué. Le sommet du cône est dans ce petit trou que vous voyez à la surface de la Pierre. Ce Coquillage est un *Dail* où un *Pholas*. Comment a-t-il pû parvenir à percer une Pierre si dure ? Comment a-t-il pû passer par un trou si petit ? Approchez-vous de ce banc de terre glaize où le flot va mourir. Il est percé d'une multitude de trous pareils à celui de la Pierre que vous avez à la main. Tous ces trous sont habités par de jeunes Dails, qui n'ont que quelques lignes de longueur. Ils n'ont donc pas eû à percer une Pierre dure : une simple glaize & une glaize abreuvée résiste peu. Mais, la Mer convertit insensiblement cette glaize en Pierre : le Dail, qui se trouvoit d'abord logé dans une terre molle, se trouve par la suite niché dans une cellule pierreuse. Le mouvement progressif de ces Coquillages est sans doute le plus lent qu'il y ait dans la Nature, car il suit les proportions de leur accroissement. A mesure qu'ils croissent, ils s'enfoncent davantage. Ainsi la mesure de l'accroissement est celle du mouvement progressif. De là vient que la cellule est un entonnoir renversé. Nous

avons vû, que le Coutelier sort de son trou, quan[d]
il lui plaît ; le Dail ne sort jamais du sien, & n'e[n]
peut sortir : la forme de cette sorte de cellule s'[y]
oppose. Tout ce qu'il peut faire, c'est d'allonge[r]
deux Tuyaux à l'ouverture du trou, avec lesque[ls]
il tire & rejette l'eau. Le Coutelier en fait d[e]
même. Vous êtes impatient de connoître l'instru[-]
ment au moyen duquel le Dail creuse sa cellule[.]
Cet instrument n'a rien de tranchant : il est pure[-]
ment charnu, & taillé en forme de lozange. Vou[s]
jugez avec raison, qu'il doit opérer bien lentement[,]
mais vous ne vous doutez peut-être pas, qu'il e[st]
capable de percer la glaize pétrifiée : au moins est[-]
il très-sûr qu'il peut percer le Bois. Apparem[-]
ment que les Dails vivent long-tems, puisque c[e]
n'est que très à la longue que la glaize se pé[-]
trifie.

CHAPITRE XVII.

Divers Insectes ou Animaux de Mer.
Les Orties.

LAISSONS pour quelque tems les Coquillages ;
nous les reprendrons ensuite. Divers Insectes o[u]
Animaux de Mer ont aussi à nous entretenir de[s]
merveilles de leur AUTEUR. Prêtons-leur l'at[-]
tention qu'ils méritent : ce qu'ils nous diront, vau[-]
dra bien un Chapitre de Théologie Naturelle.

Sur ces Rochers qui bordent la Mer, vous ap[-]
percevez de petites masses charnuës, de la grosseu[r]
d'une Orange, & dont la forme imite celle d'un[e]
bourse de Jettons, qui est assez celle d'un côn[e]
tron[qué.]

tronqué. Toutes ces maſſes vous paroîſſent immobiles & collées au Rocher par leur baſe. Les unes ſont chagrinées, les autres liſſes. Nous venons de les comparer à une bourſe de Jettons; mais, cette bourſe n'eſt pas pliſſée, & elle manque de cordons. Ce ſont des *Orties* (*) que vous voyez; Animaux fort ſinguliers, & qui demandent à être obſervés de plus près. Le Corps de l'Animal eſt en effet enfermé dans une ſorte de bourſe charnuë, de figure cônique. Au ſommet du cône eſt une ouverture, que l'Ortie augmente ou diminuë à ſon gré.

Parcourons les Orties que nous avons actuellement ſous les yeux: en voilà une qui s'ouvre & ſ'épanouït comme une Fleur. Elle a fait ſortir cent cinquante Cornes charnuës, ſemblables à celles des Limaçons, diſtribuées ſur trois rangs autour de l'ouverture. Vous remarquez, que de petits jets d'eau jailliſſent de ces Cornes: elles n'ont donc pas les mêmes fonctions que celles du Limaçon: vous jugez qu'elles ſont analogues aux Tuyaux des Dails, des Couteliers, & des autres Coquillages que vous avez vûs, & ce jugement eſt très-vrai. Vous remarquez encore, que la figure de toutes ces Orties varie beaucoup; que leur baſe eſt tantôt circulaire, & tantôt ovale, & que la hauteur du cône varie comme les dimenſions de ſa baſe. Il s'élève ou s'abaiſſe ſuivant que la baſe ſe retrécit ou s'élargit. Touchez une de ces Orties épanouïes; voyez avec quelle promptitude elle ſe ferme & ſe contracte. Mais, vous n'appercevez point de mouvement progreſſif : les Orties ſont-elles donc con-

(*) Ainſi nommées par les Anciens, qui s'étoient imaginés qu'elles produiſoient ſur la Main le même effet que les Orties, ce qui eſt très-faux.

TOME II.   M

damnées à paffer toute leur vie collées à la mêm
place ? Les Anciens l'ont cru. Que devons-nou
en penfer ? Il y a environ une heure, que cett
groffe Ortie, que vous avez à votre droite, tou
choit cette pointe du Rocher : remarquez qu'ell
en eft à préfent éloignée de plus d'un pouce. Vou
vous étonnez de ne l'avoir point aperçûe chemi
ner, car vous l'avez regardée plus d'une fois: c'e
que ce mouvement progreffif eft auffi lent que ce
lui de l'aiguille d'une horloge. Nous devons être
curieux de connoître comment l'Ortie l'exécute
Tout fon Corps eft garni extérieurement de divers
ordres de Mufcles. Ceux de la bafe vont, comme des rayons, du centre à la circonférence : d'au
tres descendent du fommet vers la bafe. Ces Muscles font en même tems des Canaux, pleins d'une
liqueur, qu'on en fait fortir en les piquant. Ils
fe rempliffent & fe vuident au gré de l'Ortie. C'eft
par le jeu de ces Mufcles ou Canaux, que s'exécute ce mouvement progreffif que nous cherchons
à connoître. Suivons l'Ortie lors qu'elle veut aller
en avant. Sa bafe eft circulaire. Elle enfle les
Mufcles qui regardent le coté où elle tend. Elle
y envoye fa liqueur, qui en les enflant, les allonge. Ils ne peuvent s'allonger, que le bord correspondant de la bafe ne change de place, & ne fe
porte un peu en avant. En même tems, elle relâche les Mufcles oppofés, elle en vuide les Canaux.
Ils fe raccourciffent. Ils ne peuvent fe raccourcir,
que le bord de la bafe, qui leur correspond, ne
rentre un peu en dedans, & précifément d'autant
que le bord oppofé s'eft porté en dehors. Telle eft
la Méchanique qui exécute le premier pas de notre
Ortie. Pour en faire un fecond, elle fait prendre
de nouveau à la bafe la forme circulaire, en gon-

ſlant également tous les Canaux : puis elle répète les mêmes manoeuvres que nous venons d'entrevoir.

Tout le mouvement progreſſif des Orties ne ſe réduit pas à celui-ci. Elles ont une autre manière de marcher, qui ſe rapproche plus de celle des In-ſectes. Elles ſçavent ſe ſervir de leurs Cornes en guiſe de Jambes. Mais, ces Cornes ſont au ſom-met de leur Corps; l'Ortie eſt apliquée par ſa baſe contre le Rocher : comment les Cornes feront-elles la fonction de Jambes ? L'Ortie que vous ſuivez, va vous l'aprendre. Elle ſe renverſe ſens deſſus deſſous; la baſe abandonne le Rocher, & le cône eſt placé ſur ſon ſommet. Toutes les Cornes ſor-tent, & vous les voyez s'accrocher au Rocher. El-les ſont gluantes & rudes au toucher: elles ont donc beaucoup de facilité à ſe cramponner.

Soupçonneriez-vous, qu'un Animal, qui eſt tout charnu, & qui n'a aucun inſtrument pour ouvrir ou pour percer les Coquilles, ſe nourrit de Coquilla-ges ? D'aſſez petites Orties avallent de fort gros Coquillages, & l'on a peine à comprendre com-ment ils ont pû ſe loger dans l'intérieur de l'Ortie. Il eſt vrai que celle-ci étant pûrement charnuë, elle eſt ſuſceptible d'une grande diſtenſion. Elle eſt une ſorte de Bourſe fort ſouple, qui s'agran-dit au beſoin. L'ouverture de la Bourſe eſt pro-prement la Bouche de l'Ortie. Comme ſon in-térieur n'eſt pas transparent, on ne peut voir ce qui s'y paſſe, & comment l'Ortie vient à bout de vuider le Coquillage. Au moment qu'elle l'a avalé, elle ſe referme. Voyez cette jeune Or-tie exactement fermée : elle vient d'avaler un aſſez gros Limaçon : elle eſt occupée à le vuider & à le digérer. La voilà qui se r'ouvre, & qui rejette la Coquille vuide. A coté est une autre Ortie qui fixe votre attention : elle a englouti une grande Moule, & elle fait d'inutiles efforts pour en rejetter la Coquille. Elle ne peut y réüssir: la Coquille se présente mal à l'ouverture, & vous commencez à être inquiet pour la malheureuse Ortie. Elle a une ressource que vous ne devinez pas. Regardez vers sa base: la Coquille s'y fait jour par une large playe; l'Ortie s'en délivre, & cette large playe ne sera pas plus pour elle que n'est pour nous une égratignûre.

Toutes les Orties ne se délivrent pas par un moyen aussi violent : elles en ont un autre, qui leur réussit pour l'ordinaire. Elles se renversent comme un gand ou un bas, de manière que les bords de l'ouverture, qui sont des espèces de Lêvres, se replient sur la base. La Bouche est alors d'une grandeur démésurée, & le fond de la Bourse presque à découvert. On y aperçoit une sorte de *sucçoir*, qui est probablement l'instrumènt avec lequel l'Ortie vuide les Coquilles. Elle rejette donc par la Bouche le résidu des Corps dont elle se nourrit.

Ce n'est pas seulemeut pour se délivrer des Corps étrangers, que les Orties se renversent ainsi ; elles se mettent dans la même posture pour accoucher. Elles sont vivipares. Les Petits naissent tous formés ; & l'on voit paroître des Orties en mignatûre. L'ouverture qui leur livre passage, est si grande, qu'elle en pourroit laisser passer à la fois une multitude. Il ne sort pourtant jamais qu'un seul Petit à la fois. Tous sont d'abord renfermés dans certains replis cachés au fond de la Bourse.

Ces Orties, que vous ne vous laſſez point d'obſerver, ne réveillent - elles point dans votre Eſprit l'idée de ces fameux Polypes *à Bras*, (*) qui nous ont offert tant de merveilles ? Ils ſont auſſi tout membraneux, très - voraces, & pourvûs de Cornes, qui leur tiennent lieu de Bras & de Jambes. Ils rejettent de même par la Bouche le réſidu des alimens. Les Lêvres de cette Bouche peuvent auſſi ſe renverſer ſur le Corps. Voilà bien des traits d'analogie. Les Orties reſſembleroient - elles encore aux Polypes par la ſingulière propriété de pouvoir être multipliées de Boûture & greffées ? C'eſt ce que les expériences les plus modernes ont mis hors de doute. D'une ſeule Ortie partagée ſuivant ſa longueur ou ſuivant ſa largeur, on fait deux ou trois Orties, à qui au boût de quelques ſemaines il ne manque rien. On peut auſſi les greffer; mais il faut avoir recours à la *ſuture*. Vous n'êtes plus ſurpris à préſent, de la conſolidation de cette énorme playe, faite à la baſe d'une Ortie par une grande Coquille qui s'y faiſoit jour. Ce n'eſt rien du tout qu'une ſemblable playe, pour un Animal qui peut être mis en pièces, ſans ceſſer de vivre & de multiplier dans chaque pièce. Les Orties ſeront donc des Eſpèces de Polypes *à Bras* d'une grandeur monſtrueuſe, ou ſi vous l'aimez mieux, les Polypes *à Bras* ſeront des Eſpèces de très - petites *Orties*.

Quittons ces Rochers peuplés d'Orties, & portons nos pas vers cette petite Anſe où la Mer eſt fort tranquille. Panchez - vous, & regardez la ſurface de l'eau. Qu'apercevez - vous ? une eſpèce de Gélée verdâtre qui ſurnage. Sa forme imite celle

(*) Part. VIII. Chap. 15.

M 3

d'un Champignon en Parasol. Elle a près de deux pieds de diamètre. Prenez-en un morceau entre vos Doigts ; maniez-le quelques momens : vous le voyez se résoudre en eau. La chaleur de votre Main a suffi pour le fondre. Vous vient-il dans l'Esprit que cette Gélée est un véritable Animal, & même une espèce d'Ortie ? Elle a été nommée *Ortie errante*, parce qu'elle ne se fixe point, & qu'elle flotte de coté & d'autre. Sa surface convexe ne présente qu'une infinité de petits grains ou Mammelons. Mais, sa surface inférieure, qui est concave, est très - organisée. L'on y voit un grand nombre de Canaux, disposés régulièrement, & façonnés avec beaucoup d'art, les uns circulaires, les autres distribués comme les rayons d'une roue, & qui sont pleins d'une liqueur aqueuse, qui passe des uns aux autres.

Cet étrange Animal erre dans la Mer. Il est spécifiquement plus pesant que l'eau. Il ne peut s'y soutenir qu'à l'aide d'un mouvement volontaire, qui mérite d'être observé, & qu'on ne peut bien voir que dans les endroits où l'eau est calme. Elle l'est dans cette petite Anse sur le bord de laquelle nous sommes assis. Fixez vos regards sur la surface de la Gélée qui s'offre à nous. Remarquez qu'elle se donne des mouvemens, que vous êtes tenté de comparer à des mouvemens de *systole* & de *diastole*. Ils n'en sont pas néanmoins. Ils n'ont pour fin que de faire surnager l'Ortie. Vous voyez, que dans l'espèce de systole, la surface de l'Animal devient très convexe, & que dans la diastole, elle s'applatit & s'élargit subitement. Telle est la manière de nager de notre Ortie gélatineuse. Séchée au Soleil, elle se réduit presque à rien. On s'imagine voir un petit morceau de parchemin ou de colle fort transparent. Il n'y a pas lieu de douter que cette Espèce d'Ortie, ne multiplie, comme les autres, de Boûture; mais je ne sache pas que l'expérience en ait été faite. Une Gélée doit avoir bien plus de facilité à se régénérer, que des Corps organisés de même genre, d'un tissu plus serré & plus ferme.

CHAPITRE XVIII.

Les Etoiles.

Il n'est point de formes régulières ou bizarres, dont le Règne animal ne nous présente des modèles. Le spectacle le plus intéressant aux yeux du Naturaliste est sans doute celui de ces formes si prodigieusement variées, & si propres à lui faire concevoir les plus hautes idées de la Fécondité inépuisable de la Nature. Voici un Animal dont la figure est précisément celle sous laquelle l'on nous peint les Etoiles du Firmament. Le moyen de ne pas lui donner le nom d'*Etoile!* Il est presque plat. Du milieu de son Corps partent quatre ou cinq Rayons, à peu près égaux & semblables. Sa surface supérieure est couverte d'une Peau dure, calleuse & fort chagrinée. Au centre de la surface inférieure, est placée la Bouche, garnie d'un suçoir, dont l'Etoile se sert pour tirer la substance des Coquillages dont elle se nourrit. Cinq petites Dents ou Pinces les retiennent assujettis pendant qu'elle les succe, & lui aident peut-être à ouvrir la Coquille. Les Jambes de l'Etoile sont une vraye curiosité. Elles sont attachées à sa surface inférieure, & distribuées avec symètrie sur quatre rangs, chacun de soixante & seize Jambes; ensorte que chaque

Rayon eſt pourvû de trois-cent-quatre Jambes, &
l'Etoile entière de quinze-cent-vingt. Cépendant,
qui le croiroit ? malgré tout ce prodigieux attirail
de Jambes, l'Etoile ne va guères plus vîte, que le
Moule avec ſa Jambe unique. Après cela, hâtons-
nous de décider du haut de notre Tête ſur les fins
particulières. Je renvoye ici mon Lecteur à la réflexion que je faiſois à l'entrée du Chapitre 14. de
la Partie VIII. Ces Jambes, qui ont été ſi exceſ-
ſivement multipliées dans les Etoiles, reſſemblent
parfaitement aux Cornes du Limaçon, ſoit par leur
figure, ſoit par leur conſiſtence ou par leur jeu.
Quand l'Etoile veut marcher, elle déploye ſes Jambes, comme le Limaçon ſes Cornes, & ſaiſit avec
leur extrêmité les divers Corps marins ſur lesquels
elle rampe. Ordinairement elle ne fait ſortir qu'u-
ne partie des Jambes ; le reſte demeure en reſerve
pour les beſoins qui ſurviennent. La Méchanique
qui préſide à leurs mouvemens, eſt une belle preuve d'une INTELLIGENCE CREATRICE. Ou-
vrons un Rayon en le partageant ſuivant ſa longueur,
& nous mettrons à-découvert les principaux Res-
ſorts de la Machine. Une Cloiſon presque carti-
lagineuſe, faite en forme de Vertèbres, diviſe tout
le Rayon. De part & d'autre de cette Cloiſon,
vous appercevés deux rangs de petites Boules, ſemblables à des Perles de la plus belle eau. Que le
plaiſir que vous goutez à les contempler, ne vous
faſſe pas perdre le fait le plus intéreſſant : remarquez, je vous prie, que le nombre de ces petites
Boules eſt préciſément égal à celui des Jambes.
Comptez les unes & les autres. Vous voyez que
chaque Boule répond ainſi à une Jambe. Vous
croyez démêler dans ces Boules une liqueur limpide; vous ne vous trompez point. Paſſez le Doigt

deſſus ; elles ſe vuident ; la liqueur paſſe dans les Jambes correſpondantes, & elles s’allongent auſſi-tôt. L’Etoile n’a donc qu’à preſſer les Boules pour déployer ſes Jambes. Mais, elles ſont capables de contraction, & lors qu’elles ſe contractent, elles re-poulent la liqueur dans les Boules, d’où elle ſera de nouveau chaſſée dans les Jambes, pour procurer le mouvement progreſſif.

Vous avez du penchant à conjecturer que ces Jam-bes aſſez ſemblables aux Tuyaux avec lesquels di-vers Coquillages reſpirent, ſervent auſſi aux mêmes uſages. Mais, la Nature, qui a prodigué les Jam-bes aux Etoiles, leur a encore prodigué les Orga-nes de la Reſpiration. Elle les a même beaucoup plus multipliés que les Jambes. Ce ſont de très-petits Tuyaux côniques, dispoſés par groupes, & qui produiſent autant de petits jets d’eau.

Parmi nos Etoiles, vous en obſervez qui n’ont que deux ou trois Rayons, & en y regardant de plus près, vous découvrez de très-petits Rayons, qui ſemblent commencer à pouſſer. Seroit-ce donc, me demandez-vous, que les Etoiles multiplient auſſi de Boûture? Des Animaux formés de la répétition d’un ſi grand nombre de Parties tant extérieures qu’intérieures, ſe régénéreroient-ils comme les Po-lypes, dont la ſtructure nous paroit ſi ſimple? Rien n’eſt plus vrai, & les Etoiles que vous avez ſous les yeux, vous en fourniſſent la preuve. Il arrive aſſez ſouvent à ces Animaux de perdre deux ou trois de leurs Rayons, & cette perte n’eſt pas plus pour eux, que pour les Polypes celle de quelques Bras. On a beau déchiqueter les Etoiles, on a beau les mettre en pièces, on ne parvient point à

M 5

les faire périr.　Elles renaissent toujours de leur débris, & chaque morceau devient une Etoile complette.

Cette admirable ressource étoit sur-tout nécessaire à une Espèce d'Etoile, dont les Rayons sont fort cassans, & qui lui tiennent lieu de Jambes. En prodiguant les Jambes avec tant de complaisance aux autres Etoiles, la Nature sembleroit avoir oublié celle-ci, & l'avoir, en quelque sorte, disgraciée, si elle ne lui avoit donné des Rayons aussi flexibles que la Queuë du Lézard, & dont elle se sert avec assez d'adresse pour ramper sur le fond de la mer.

CHAPITRE XIX.

Les Hérissons.

VOICI des Animaux travaillés avec bien plus d'appareil encore; j'ai presque dit où éclate un bien plus grand luxe. Les *Hérissons* de mer, comme ceux de terre, doivent leur nom à leurs Piquans. Mais les Piquans des Hérissons de mer sont toute autre chose que ceux des Hérissons de terre. Les Piquans des premiers sont leurs Jambes. Faisons-nous une idée de l'extérieur de ces Animaux, où la Nature a pris plaisir à accumuler avec tant de profusion les Organes rélatifs au mouvement progressif.

La forme de ces Hérissons est celle d'un Boûton arrondi. Il est creux intérieurement, & sa surface est très-ouvragée. L'on pourroit en comparer le travail à celui de certains Boûtons de cuivre ou de

Une multitude de Tubercules, femblables à des Mammelles, diftribuées dans un ordre régulier, y repréfentent par leur arrangement de petits triangles, qui divifent toute la furface du Boûton en différentes aires. Ces triangles font féparés par des bandes, efpacées régulièrement, & percées de trous, diftribués avec beaucoup de fymètrie fur plufieurs lignes. Ces trous traverfent de part en part toute l'épaiffeur du Squelette, car le Corps de nos Hériffons eft une forte de Boîte offeufe. Chaque trou eft une guaîne où eft logée une Corne charnuë, pareille à celles du Limaçon, & fufceptible des mêmes mouvemens. Il y a donc autant de Cornes que de trous, & l'on compte au moins treize-cent trous. Comme le Limaçon, le Hériffon fe fert de fes Cornes pour tâter le terrein, & les divers Corps qu'il rencontre fur fa route. Mais, il s'en fert furtout pour s'y cramponner, & fe mettre à l'ancre. Les Tubercules font les bafes d'autant d'Epines ou de Jambes, & leur nombre eft au moins de deux mille cent. Ainfi il n'eft prefque aucun point du Corps du Hériffon où ne fe trouve une Jambe. Il peut donc marcher fur lé Dos comme fur le Ventre; & en général quelle que foit fa pofture, il y a toujours un bon nombre de Jambes prêtes à le porter, & de Cornes prêtes à le fixer. Les Jambes dont il fe fert le plus volontiers, font celles qui environnent la Bouche; mais, quand il lui plaît, il marche en tournant fur lui-même comme une rouë. Sa Bouche, munie de cinq Dents, eft au milieu du Ventre. Sur le Dos ou au fommet du Boûton, eft une autre ouverture qu'on croit être l'Anus. Voilà donc un Animal pourvû au moins de treize-cent Cornes, & de deux mille cent Jambes. Combien

faut-il de Muscles pour mouvoir tant de Corn*
& tant de Jambes? Combien y-a-t-il de fibres
de fibrilles dans chacun de ses Muscles? Quell*
étonnante multiplication de pièces dans ce petit Ani*
mal! Quelle régularité, quelle symètrie, & mêm*
quel agrément dans leur distribution! quelle varié*
dans leur jeu!

Lors que le Hérisson veut faire chemin, il
tire avec les Jambes qui regardent l'endroit où *
tend, & se pousse vers le même endroit avec le*
Jambes opposées. Toutes les autres demeurent alor*
dans l'inaction. En même tems qu'une partie de*
Jambes travaillent, les Cornes qui les avoisinent, *
déployent pour sonder la route ou ancrer l'Ani*
mal.

CHAPITRE XX.

Le Bernard l'Hermite.

L E S Coquillages naissent vêtus. La Coquill*
qu'ils apportent en naissant croît avec eux & pa*
eux. L'Animal qui s'offre à nos regards, & qu'o*
prendroit pour une sorte d'Ecrevisse, vient au jou*
dépourvû de Coquille, & pourtant il lui en fallou*
une, pour couvrir la plus grande partie de so*
Corps, dont la Peau mince & délicate souffriro*
trop d'être à nud. La Nature l'auroit-elle donc*
traité en Marâtre en lui refusant un tégument *
nécessaire? point du tout: bienfaisante envers tou*
les Animaux, elle n'a point oublié celui-ci. Ell*
ne l'a pas révêtu d'une Coquille; il est vrai; mai*
elle a fait l'équivalent, en lui enseignant à s'en ré*
vêtir. Instruit par un si grand Maître, notre Her*

te sçait se loger dans la première Coquille vuide
qu'il rencontre. Il s'adresse assez indifféremment à
toutes celles qui sont tournées en spirale. Souvent
il s'y retire si avant, qu'on ne l'apperçoît point,
& que la Coquille paroît vuide. Veut-il changer
de place ? il fait sortir ses grosses Pattes ou Pinces,
semblables à celles de l'Ecrevisse, & saisissant avec
ces espèces de Tenailles les Corps qui l'avoisinent,
il tire à lui la Coquille, en même tems qu'il s'en-
tortille fortement autour des parois ou de la ram-
me, pour ne point se trouver à nud. Si la Coquille devient trop étroite, il l'abandonne, & va se loger dans une autre mieux proportionnée à sa taille. L'on dit, qu'il y a quelquefois des combats
entre nos Hermites pour une Coquille, & qu'elle
demeure à celui qui a la plus forte Pince. Nos
combats n'ont presque jamais un objet aussi important.

CHAPITRE XXI.

Les Coquillages qui filent.

Les Moules & les Pinnes Marines.

LE titre de ce Chapitre vous surprend sans doute. Vous ne vous attendiez pas à ce nouveau trait
de l'industrie des Coquillages, qui promettoient si
peu. Vous aviez déja été fort étonné de l'adresse
qui brille dans le mouvement progressif de plusieurs :
votre étonnement redouble en aprenant qu'il en est
qui sçavent filer, & vous êtes impatient de les voir
à l'ouvrage, & de juger de leur travail. Prome-
nons-nous sur le bord de la Mer. Vous découvrez quantité de *Moules*, les unes isolées, les autres

entassées par paquets. Considérez-les un peu p[lus]
attentivement: vous observerez, que toutes sont at[ta]
chées aux pierres ou les unes aux autres, par un gra[nd]
nombre de petits cordages déliés. Choisissons u[ne]
de ces Moules pour l'observer de plus près: no[us]
en démêlerons mieux toutes leurs manoeuvres. [...]
voici une qui travaille à s'attacher à cette pie[r]
re, qui est presque à fleur de l'eau. Sa Coqui[lle]
est entr'ouverte: elle en fait sortir une sorte [de]
Langue fort souple, qu'elle allonge, & qu'elle ra[c]
courcit alternativement. Remarquez, qu'elle [en]
aplique souvent le bout contre la pierre, & qu'e[lle]
la retire aussi-tôt dans sa Coquille, pour l'en fai[re]
ressortir un moment après. De la racine de cet[te]
espèce de Langue, partent des fils, dont la gro[s]
seur égale celle d'un cheveu ou d'une soye de Por[c]
Ces fils vont en s'écartant les uns des autres, [&]
leur extrêmité est collée à la pierre. Regardez-l[es]
de fort près; vous apercevrez qu'ils se terminen[t]
tous par un petit empâtement, qui les attache plu[s]
fortement à la surface de la pierre. Ce sont autan[t]
de petits cables, qui tiennent notre Moule à l'an[c]
cre. Il y a souvent plus de cent cinquante de co[s]
petits cables, employés à amarer une Moule[.]
Chaque cable n'a guères que deux pouces de lon[g]
gueur.

C'est la Moule elle-même qui a filé tous co[s]
cordages. En contemplant le mouvement progres[s]
sif de la Moule de Rivière & de quelques-autre[s]
Coquillages, (*) vous avez fort admiré l'adress[e]
avec laquelle ils se servent de leur espèce de Lan[s]
gue. Vous avez vû que cette partie unique leu[r]

(*) Chap, 13. & 14. de cette Partie.

lieu à la fois de Bras & de Jambes. La Langue de nos Moules de Mer s'acquitte aussi des mêmes fonctions; mais, chez celles-ci, ce petit instrument est bien plus admirable encore. Non seulement il leur sert, comme aux autres Coquillages, de Bras pour se cramponner, & de Jambes pour ramper: il est encore la Filière qui fournit ces fils nombreux, au moyen desquels la Moule résiste à l'impulsion du flot. De l'origine de la Langue jusqu'à son extrêmité s'étend une Rainûre, qui la divise suivant sa longueur en deux parties égales. Cette Rainûre est un véritable Canal, garni d'un grand nombre de petits Muscles, qui l'ouvrent & le ferment. Dans ce Canal passe une liqueur visqueuse, qui est la matière des fils que tend la Moule. A sa naissance, ce Canal est exactement cylindrique, & c'est là proprement que les fils sont moulés. Les divers mouvemens que se donnoit, il n'y a qu'un moment, la Langue de la Moule que nous observons, avoient tous pour fin de l'attacher à la pierre. Ces fils plus blancs & plus transparens que les autres, sont ceux qu'elle a tirés récemment de sa filière. Elle n'a pas achevé de s'ancrer, & voici sa Langue qui s'allonge de nouveau, d'environ deux pouces, & dont le bout s'aplique contre la pierre. La liqueur visqueuse coule dans le Canal, & arrive à son extrêmité. Cette liqueur est déja moulée, elle est déja un fil cylindrique. La Moule colle le bout de ce fil à la pierre; mais, elle veut qu'il s'y aplique par une surface un peu large, pour y être plus adhérent. Elle lui procure donc avec le bout de sa Langue, ce petit empâtement, que vous avez observé, & qui est très-sensible. Il s'agit à présent de tendre un autre cable à quelque distance de celui-ci. La Langue

doit donc abandonner ce dernier, pour aller travailler ailleurs. Comment l'abandonnera-t-elle?
Le Canal s'ouvre dans toute sa longueur, & lai
sortir le fil. La Langue dégagée de ce fil, se
tire promptement sur elle-même, r'entre dans la
Coquille, & en ressort un instant après, pour attacher un peu plus loin un nouveau cable.

Avez-vous pris garde à une petite adresse de notre Moule? Elle venoit de tendre le premier fil,
pour s'assurer s'il étoit bon, elle l'a mis sur le
champ à l'épreuve; elle l'a tiré fortement à elle,
comme pour le rompre. Il a résisté à cet effort,
& satisfaite de l'épreuve, elle a été tendre le second
fil, qu'elle a éprouvé comme le premier.

Ces cordages que les Moules de Mer filent avec
tant d'art, sont réellement pour elles, ce que les
cables sont pour un Vaisseau qui est à l'ancre.
Vous me demandez, si elles sçavent aussi lever l'ancre? diverses expériences paroissent prouver, qu'elles n'ont pas cette industrie. Sans doute qu'elle ne
leur étoit pas nécessaire. Mais, elles chassent quelquefois sur leurs ancres; il leur importoit donc de
pouvoir se transporter d'un lieu dans un autre, &
d'avoir en réserve de nouveaux cables.

Ainsi la Mer a ses Fileuses comme la Terre. Les
Moules sont à la Mer, ce que les Chenilles sont sur
la Terre. Il y a néanmoins une différence remarquable entre les unes & les autres. Le travail des
Chenilles répond précisément à celui des Tireurs
d'Or. Le fil de soye se moule en passant par le
bec de la filière, & la Chenille lui donne la longueur qu'elle veut, qui est dans certaines Coques

de plusieurs centaines de pieds. (*) Le travail des Moules doit être plutôt comparé à celui des Ouvriers qui jettent les Métaux en fonte. La filière de ces Coquillages est un véritable moule qui ne détermine pas seulement la grosseur du fil, mais qui détermine encore sa longueur, toujours égale à celle de la filière ou de la Langue.

Les *Pinnes Marines*, Espèces de fort grandes Moules, sont de plus habiles fileuses encore. Leurs fils, longs au moins de sept à huit pouces, sont d'une grande finesse, & l'on en fait de beaux ouvrages. Si les Moules sont les Chenilles de la Mer, les Pinnes en sont les Araignées. Les fils des Pinnes servent, comme ceux des Moules, à les amarrer, & à les défendre de l'agitation des flots. Ils sont prodigieusement nombreux, & forment par leur réünion, une sorte de houppe ou d'écheveau de soye, du poids d'environ trois onces. L'instrument qui les prépare & les moule, ressemble pour l'essentiel, à celui des autres Coquillages de ce genre : il est seulement beaucoup plus grand, & la rainûre qui le divise suivant sa longueur, est plus étroitte. A son origine, est un sac membraneux, composé de plusieurs feuillets charnus, qui séparent les feuillets soyeux dont la houppe résulte.

(*) Chap. 4. de cette Partie.

CHAPITRE XXII.

Les Coquillages, & autres Animaux de Mer qui s'attachent par une sorte de Glû ou de Suc pierreux.

S'IL n'a pas été donné à tous les Coquillages & Animaux de Mer de s'amarrer avec autant d'adresse que les Moules & les Pinnes, la Nature les en a dédommagés par des moyens qui ne sont pas moins efficaces. Avant que de quitter ce Rivage, qui nous a offert tant d'objets intéressans, arrêtons-nous quelques momens à considérer ce petit Coquillage que vous voyez attaché à ce Rocher. C'est un *Oeil de Bouc* ou une *Patelle*. Sa Coquille, qui est d'une seule pièce, est faite en manière de châpiteau cônique, sous lequel tout le Corps est à couvert, comme sous un toiĉt. L'Animal peut élever ou abaisser ce toiĉt à son gré. Quand il l'abaisse, il cache le Corps en entier, & repose immédiatement sur la Pierre. Un gros Muscle, qui occupe toute la largeur de la Coquille, & qui en est comme la base, attache l'Animal à cette Pierre. Essayez de l'en détacher : vous n'en pouvez venir à bout. Il ne tient pourtant à la Pierre que par une base d'un pouce de diamètre. Passons une corde autour de la Coquille : suspendons à cette corde un poids de vingt-huit à trente livres : 1 Coquillage ne lâche prise qu'au bout de quelques secondes, & vous vous étonnez qu'un si petit Ani-

mal foit doué d'une auffi grande force d'adhéfion.
Vous êtes curieux de connoître d'où lui vient une
telle force : vous examinez la Pierre : elle vous paroît très-polie, & votre étonnement redouble. Seroit-ce que le Mufcle s'engraîne dans les parties
infenfibles de la Pierre? partagez l'Animal transver-
falement : il adhère tout auffi fortement qu'auparavant : feroit-ce qu'il tient à la Pierre comme deux
Marbres polis tiénnent l'un à l'autre? Mais les Marbres gliffent facilement l'un fur l'autre, & vous ne
pouvez faire glifler le Coquillage. Voici donc la
caufe fecrette de cette adhéfion qui vous étonne.
Le Mufcle eft enduit d'une humeur visqueufe, qui
le colle à la furface de la Pierre, & qui fe fait fentir affez fortement au Doigt.

Mais l'*Oeil de Bouc* n'a pas été condamné à demeurer collé toute fa vie à la même place. Il doit
aller chercher fa nourriture. En voilà un qui rampe fur le Rocher: fon gros Mufcle lui fert de Jambes, & s'acquitte des mêmes fonctions que celui
que vous connoiffez au Limaçon. L'*Oeil de Bouc*
fçait donc fe détacher quand il lui plait. Il fçait
brifer ces liens qu'un poids de vingt-huit livres
rompt à peine. Humectez votre Doigt ; paffez-le
fur le Mufcle ; la colle naturelle, dont il eft enduit, n'y trouve plus de prife. Cette colle eft dis-
foluble à l'eau. Toute la furface du Mufcle eft
femée de petits grains, pleins d'une liqueur diffol-
vante. Lors que l'Animal veut lever le piquet, il
n'a qu'à preffer fes nombreufes Glandes ; le diffol-
vant en fort, & les liens font brifés.

L'*Oeil de Bouc* n'a qu'une certaine provifion
de colle. Si on le détache plufieurs fois de

N 2

fuite, fa provifion s'épuifera, & il ne s'attachera plus.

Cette manière de s'amarrer eft commune à divers Animaux de Mer. Elle l'eft en particulier aux *Orties*. (*) Leur Peau n'eft qu'un amas de Glû, qui fe diffout très-promptement dans l'eau de vie. C'eft avec cette abondante provifion de Glû, que ces Animaux finguliers fe collent aux Rochers.

C'eft encore par le même moyen que les *Etoiles* fe fixent. (†) Une matière vifqueufe eft portée à l'extrêmité de ces efpèces de Cornes qui leur tiennent lieu de Jambes, & dont elles ont bien des centaines. Quoique très-foibles, ces Jambes deviennent de forts liens, à l'aide de cette Glû qui en exfude, & lorfqu'elles font une fois cramponnées, il eft plus aifé de les rompre, que de les détacher.

Il en eft précifément de même des Cornes des *Hériffons*. (‡)

Toutes ces adhéfions font volontaires, & dépendent uniquement du bon plaifir de l'Animal. Il s'attache ou fe détache, felon que les circonftances l'exigent. Mais, il eft d'autres adhéfions, qui font tout à fait involontaires. Les Vers de Mer, qu'on nomme *à Tuyau*, font enfermés dans un Tuyau rond, d'une fubftance femblable à celle des Coquilles, & attaché aux Pierres ou au Sable dur, ou même à d'autres Coquillages. Ce Tuyau fuit le

(*) Chap. 17. de cette Partie.
(†) Ibid. Chap. 18.
(‡) Ibid. Chap. 19.

contours de la furface à laquelle il eft collé. Le Ver n'abandonne jamais cette cellule, qu'il prolonge & élargit à mefure qu'il croît. Il vous rappelle les *Fauffes-Teignes :* (*) ce fera, fi vous le roulez, une *Fauffe-Teigne* de la Mer. Il exfude de tout fon Corps un fuc pierreux, qui eft la matière du Tuyau.

D'autres Vers de cette Efpèce, dont le fuc n'eft pas pierreux, mais qui abondent en fuc gluant, s'en fervent à lier autour d'eux des grains de Sable, des fragmens de Coquilles, &c., & cette cellule de pièces rapportées ne laiffe pas d'être affez proprement travaillée.

Les Huîtres, & divers autres Coquillages, adhèrent par un fuc pierreux aux Corps fur lesquels ils repofent, & fouvent ils font ainfi cimentés les uns aux autres. Telle eft l'efpèce de Ciment univerfel, dont la Nature fe fert, toutes les fois qu'elle veut bâtir dans la Mer, ou y affurer un Coquillage contre le mouvement violent des eaux.

CHAPITRE XXIII,

Procédés des Poiffons.

Nous fommes peu inftruits de l'induftrie des Poiffons. Ils ne font pas affez à notre portée. La plûpart habitent des profondeurs inacceffibles à nos recherches. Nous ne préfumerons pas, que tout leur fçavoir-faire fe borne uniquement à fe manger les uns les autres. Leurs paffages font bien auffi

(*) Chap. 9. de cette Partie.

N 3

singuliers que ceux des Oiseaux. Ils peuvent avoir
besoin d'une sorte de génie pour faire leurs chasses
avec plus de succès, & pour se soustraire à la poursuite de leurs Ennemis. La *Séche* répand à propos
une liqueur noire, qui trouble l'eau, & la dérobe
aux regards des Poissons qui en veulent à sa vie.
Peut-être que cette liqueur lui sert encore à saisir avec plus de facilité ceux dont elle se nourrit.
D'autres Poissons sçavent percer avec beaucoup d'art
des Coquilles fort dures, & en tirer la substance
charnuë qu'elles renferment. Nous ignorons l'usage que l'*Espadon*, la *Scie*, le *Narval* font de ces instrumens énormes qu'ils portent au bout du Nez : mais
sans doute qu'ils entendent à les manier. La *Torpille*
qui engourdit si subitement la Main qui la touche,
n'a-t-elle pas un moyen bien remarquable de pourvoir à sa conservation, & un grand art à offrir aux
méditations du Physicien ? Le *Poisson volant*, poursuivi par d'autres Poissons, s'élance hors de l'eau
pour se réfugier dans l'air, où il se soutient à l'aide de ses grandes nageoires.

C'est encore une chose intéressante, que la manière dont divers Poissons *frayent*. Plusieurs quit-
tent alors les Mers ou les Lacs, & entrent dans les Rivières. Le Mâle jouë avec la Femelle, & après
qu'ils se sont livrés à leurs chastes amours, ils ren-
trent dans leurs anciennes demeures.

On sçait qu'on aprivoise les Carpes & qu'elles
accourent, comme les Poules, à un certain signal,
pour recevoir la pâture des Mains de leur Pourvoyeur.

Que n'a-t-on point débité en ce genre sur le
Dauphin ! Combien les Anciens, amateurs nés du

merveilleux, nous ont-ils vantés son adresse, son agilité, ses jeux, sa tendresse pour l'Homme, sa constance, & même sa gratitude ! Mais, il faut laisser aux Poëtes à célébrer ce Pilade marin.

Vraisemblablement les Poissons sont de tous les Animaux ceux à qui il a été donné de vivre le plus longtems. On a vû des Carpes de cent cinquante ans. Les Poissons transpirent & s'endurcissent peu : ils n'ont pas proprement des Os. Mais, ils vivent dans un état de guerre perpétuelle. Tous dévorent ou sont dévorés. Ceux qui vivent âge de Poisson, doivent acquérir une grande expérience des affaires de la mer. Ce seroient de tels Nestors qui pourroient nous valoir de bons Mémoires sur l'Histoire secrette d'un Peuple si peu connu.

CHAPITRE XXIV.

Procédés des Oiseaux.

Nous avons entrevû les émigrations des Oiseaux, & nous avons conjecturé qu'elles dépendent principalement des vents. (*) Un Naturaliste exact s'en est assuré à Malte. Toutes ses observations prouvent, que les mêmes Espèces émigrent toujours par des vents déterminés. En Avril le *Sud-ouest* amène dans cette Isle des Espèces de *Pluviers*, & le *Nord-ouest* des *Cardinaux* & des *Cailles.* A' peu près dans le même tems, les *Faucons*, les *Buses*, & autres Oiseaux *de proye*, passent avec le *Nord-ouest*, sans séjourner, & repassent en Octobre, avec le *Sud* ou l'*Ouest*. En Eté, le vent d'*Est*

(*) Part. XI. Chap. 13.

conduit à Malte les *Bécaffines*, & vers le milieu de
l'Automne, le *Nord* & le *Nord-ouest* y conduifent
de nombreux escadrons de *Bécaffes*. Ces Oifeaux
ne peuvent point voler, comme les *Cailles*, *vent arrière*; puis que le vent du *Nord* qui pourroit les
porter en Barbarie, les oblige de demeurer dans les
Ifles. Les *Cailles*, au contraire, émigrent *vent arrière* d'un Païs dans un autre. Le *Sud-eft* les fait
paffer au mois de Mars, de Barbarie en France.
Elles reviennent de France en Septembre, & paffent à Malte par un *Sud-eft*. Les vents font donc
les fignaux que la Nature employe pour annoncer
à divers Oifeaux le tems de leur départ. Fidèles
à cette voix, ils fe mettent en route, & fuivent la
direction qu'elle leur indique.

Nous ne finirions point, fi nous voulions parcourir les Procédés propres à chaque Espèce d'Oifeaux: fuivre les Oifeaux *de proye* dans leurs chaf-
fes presque fçavantes; les Oifeaux *aquatiques* dans
leurs pêches ingénieufes; les Oifeaux *domeftiques*
dans leur petit ménage; les Oifeaux *nocturnes* dans
leurs retraites fombres, &c.

Je ne m'arrêterai donc pas à vous faire admirer
la longue Langue du *Pic-vert*, le reffort qui la
met en jeu, & la manière dont il la darde dans les
trous des Arbres, pour faifir adroitement les petits
Infectes qui y font logés.

Quelle foule de traits intéreffans la conftruction
des Nids ne nous offriroit-elle point encore! Quelle ne feroit point notre admiration, à la vuë de ces
petits Bâtimens fi réguliers, compofés de tant de
matériaux différens, raffemblés les uns après les autres avec tant de peine & de choix, mis en œu-

vre & arrangés avec tant d'induſtrie, d'élégance & de propreté, par un Animal, qui n'a pour tout inſtrument, qu'un Bec cartilagineux & deux Pieds! Un Nid de Pinçon ou de Chardonneret, nous occuperoit des heures entières. Nous chercherions dans quel lieu le Chardonneret a pû ſe fournir de ce Cotton ſi fin, ſi ſoyeux, ſi doux qui tapiſſe l'intérieur de ſon joli Nid, & qui en fait un lit ſi mollet & ſi chaud. Après bien des recherches, nous découvririons enfin, qu'en enveloppant d'un Cotton très-fin les Graînes de certains Saules, la Nature a préparé au Chardonneret le Duvet qu'il employe avec tant d'art. Nous ne nous laſſerions point de conſidérer l'eſpèce de broderie, dont le Pinçon orne ſi agréablement les dehors de ſon Nid, & en la regardant de près, nous reconnoitrions qu'elle eſt duë à une infinité de petits *Lychens*, liés artiſtement les uns aux autres, diſtribués & apliqués avec la plus grande propreté ſur toute la ſurface du Nid. La couleur de ces Lychens, qui eſt ſouvent celle de l'Ecorce de l'Arbre ſur lequel le Nid eſt aſſis, nous aprendroit que le Pinçon ſemble avoir voulu que l'on confondît ſon Nid avec la Branche qui le porte.

Nous obſerverions d'autres Eſpèces qui ſe nichent dans les trous des Arbres, dans les fentes des Rochers, dans des cavités qu'elles creuſent ſous terre: nous en verrions qui travaillent en bois, d'autres en maçonnerie. L'Hirondelle nous offriroit un exemple familier de ces dernières: nous verrions avec plaiſir comment elle prépare ſon mortier, comment elle le détrempe, & l'emploi induſtrieux qu'elle ſçait en faire pour donner à ſon petit édifice, toute la ſolidité qui lui eſt néceſſaire.

N 5

Mais, les Nids qui nous frapperoient le plus, seroient ceux que certains Oiseaux des Indes suspendent habilement à des Branches d'Arbres, pour se garantir des insultes de divers Insectes. Nous-nous assurerions qu'on a fort exagéré ici le merveilleux, lors qu'on a dit, qu'il y avoit de semblables Nids, à deux Appartemens, l'un pour le Mâle, l'autre pour la Femelle. En examinant la chose de plus près, avec les yeux d'un Observateur, nous trouverions que ce prétendu Appartement du Mâle, n'est qu'un vieux Nid, le Nid de l'année précédente, auquel l'Oiseau a jugé plus commode ou plus expéditif d'en ajouter un autre, qué d'en faire un nouveau en entier.

CHAPITRE XXV.

Procédés des Quadrupèdes.

Le Lapin.

VISITERONS-nous les Retraites des *Rats*, des *Mulots*, des *Bléraux*, des *Renards*, des *Loutres*, des *Ours*, &c. ? Nous entreprendrions un trop long voyage, & d'autres objets plus intéressans nous appellent. Bornons-nous aux Procédés du *Lapin* & de la *Marmotte*, comme les plus curieux, après ceux du *Castor*, (*) dont nous-nous sommes fort occupés.

Le *Lapin* & le *Lièvre*, si semblables, dans leur extérieur & dans leur intérieur, nous aprennent à nous défier des ressemblances. Ils s'accouplent fort

(*) Part. XI. Chap. 26. & 27.

bien l'un avec l'autre, & ne produisent rien. Ce sont donc deux Espèces très-distinctes, malgré toutes leurs affinités.

Il y a plus; le Lièvre imbécile se contente du Gîte qu'il se pratique à la surface de la terre. Le Lapin plus industrieux, perce la terre & s'y procure un azile assuré. Le Mâle & la Femelle vivent ensemble dans cette Retraite paisible : ils y élèvent leur petite Famille, sans craindre le Renard ni l'Oiseau de proye. Inconnus au reste du Monde, ils passent des jours heureux & tranquilles, & goûtent dans les douceurs domestiques les plaisirs les plus touchans de la vie.

Le Lièvre pourroit aussi creuser la terre, & ne la creuse point. Le Lapin *clapier* (*) ne la creuse point non plus. Il n'en a pas besoin : son domicile est tout fait: il se conduit comme s'il le sçavoit. Le Lapin *de Garenne* semble sçavoir qu'il n'est pas logé, & il se loge. Les Lapins clapiers dont on peuple les Garennes, se gîtent comme le Lièvre: mais au bout de quelques Générations, ils commencent à se faire des Terriers. Les insultes de leurs Ennemis, les injures de l'air, & les divers inconvéniens attachés à la vie errante, les instruiroient-ils de la nécessité de se pratiquer des Retraites souterraines ? Mais apercevoir les raports de ces Retraites à leur propre conservation, juger qu'elles les mettront à l'abri de tous les inconvéniens qu'ils éprouvent, c'est une opération de l'Ame, qui est bien voisine de la *réflexion*, si elle n'est la réflexion même. Et comment accorder la réflexion à des Brûtes ? Ne seroit-il pas plus phi-

(*) Le Lapin *domestique.*

losophique de suppoſer, que le genre de vie des Lapins clapiers affoiblit & détériore un peu leur Tempéramment, relâche leurs Organes, & leur ôte la force de creuſer la terre? Le plein air rétablit en eux la Nature, & leur rend la vigueur propre à l'Eſpèce: mais ce rétabliſſement exige un tems plus ou moins long, & ce n'eſt qu'après un certain nombre de Générations qu'il eſt complet. Une Famille de Sauvages élevée dans nos demeures, y dégénéreroit bientôt, & la ſeconde Génération ne pourroit ſoutenir les travaux pénibles, & la vie dure des Ayeux. &c.

Lorſque la Lapine eſt près de mettre bas, elle ſe creuſe un nouveau Terrier. C'eſt un Boyau tortueux ou pratiqué en zic-zac. Au fond de ce Boyau elle ménage une grande cavité, qu'elle tapiſſe de ſes propres Poils. Voilà un lit très-mol qu'elle prépare à ſes Petits. Elle ne les quitte point les premiers jours; elle ne ſort enſuite que pour prendre de la nourriture. Le Père ne connoit point encore ſa Famille: il n'oſeroit entrer dans le Terrier. Quand la Mère va aux champs, elle pouſſe ſouvent la précaution jusqu'à boucher l'entrée du Terrier avec de la terre détrempée de ſon urine. Devenus un peu plus grands, les Laperaux commencent à brouter l'Herbe tendre. Le Père les reconnoit alors, les prend entre ſes Pattes, leur lèche les Yeux, leur luſtre le Poil, & partage ſes careſſes & ſes ſoins également entre tous.

Des obſervations qui paroiſſent exactes, prouvent que la Paternité eſt fort reſpectée chez les Lapins. L'Ayeul demeure le Chef de toute la nombreuſe Famille, & il ſemble la gouverner en Patriarche.

CHAPITRE XXVI.

La Marmotte.

LES gentilleſſes de la *Marmotte* ſont connuës de tout le monde. L'on ſçait qu'elle s'aprivoiſe facilement, & qu'on la dreſſe à danſer & à geſticuler ſur un bâton. Ce qui n'eſt pas ſi généralement connu, ce ſont ſes Procédés ingénieux dans les hautes Alpes, où elle fait ſa demeure, au milieu des neiges & des frimats.

Vers le mois d'Octobre, elle entre en quartier d'hiver & ſe renferme pour ne plus ſortir. Sa retraite mérite d'être obſervée. Elle eſt faite avec un art & des précautions, qui ſembleroient partir d'une ſorte d'Intelligence, ſi l'Intelligence ne combinoit & ne varioit ſans ceſſe ſes plans. Sur le penchant d'une Montagne, l'induſtrieuſe Marmotte établit ſon domicile. C'eſt une grande Gallerie, creuſée ſous terre, & faite en manière d'Y grec. Ces deux Branches qui ont chacune une ouverture, aboutiſſent à une eſpèce de cul de ſac. Là, eſt l'Appartement de la Marmotte. Une des Branches deſcend au deſſous de l'Appartement, en ſuivant la pente de la Montagne; elle eſt une ſorte d'Aqueduc qui reçoit & charie les excrémens & les immondices. L'autre Branche, qui s'élève au deſſus du domicile, ſert d'avenuë & de ſortie. L'Appartement eſt la ſeule partie de la Gallerie, qui ſoit horizontale. Il est tapissé d'une épaisse couche de Mousse & de Foin. Il est sûr que les Marmottes sont sociables, & qu'elles travaillent en commun à se loger. Elles sont pendant l'Eté d'amples provisions de Mousse & de Foin. Les unes, à ce qu'on dit, fauchent l'Herbe, d'autres le recueillent, & tour à tour elles servent de char pour la voiturer au gîte. Une des Marmottes se couche sur le Dos, dresse ses Pattes pour tenir lieu de *Ridelles*, se laisse charger de Foin, & trainer par les autres, qui la tirent par la Queuë, & prennent garde que le char ne verse sur la route. Leurs Pieds sont armés de Griffes, qui leur donnent une grande facilité de creuser la terre, & elles le font avec une célérité merveilleuse. A mesure qu'elles excavent, elles jettent derrière elles la terre qu'elles tirent de la mine. Elles passent la plus grande partie de leur vie dans leur habitation ; elles s'y retirent pendant la pluye, ou à l'aproche de l'orage, ou à la vuë de quelque danger. Elles n'en sortent guères que dans les beaux jours, & ne s'en éloignent que peu. Tandis que les unes jouënt sur le Gazon, les autres s'occupent à le couper, & d'autres font en sentinelle sur des lieux élevés, pour avertir par un coup de siflet, les Fourageurs, de l'aproche de l'Ennemi.

Pendant l'hiver, les Marmottes ne mangent point, & ne peuvent manger. Le froid les engourdit, suspend ou diminuë beaucoup la transpiration, & les autres excrétions. La Graisse dont leur Ventre est très-fourni passe dans le Sang & le répare. On diroit qu'elles prévoyent leur létargie, & qu'elles sçavent qu'elles n'auront alors nul besoin de nourriture ; car elles ne s'avisent point d'amasser des pro-

vifions de bouche, comme elles amaffent des matériaux pour en révêtir l'intérieur de leur domicile. Elles fe conduifent donc à cet égard comme
les Fourmis.

CHAPITRE XXVII.

Du Langage des Bêtes.

CE fujet n'a pas toujours été traité affez philo-
fophiquement. Comme l'on a accordé de l'Intelligence aux Bêtes, il s'en faut peu qu'on ne leur ait
accordé auffi la Parole, & qu'on n'ait entrepris de
nous donner leur Dictionnaire. L'on nous a tra-
duit leurs Entretiens précifément comme les Voya-
geurs nous ont rendus ceux de quelques Nations
Sauvages. Ici le vrai a été diffout dans une grande quantité de faux. Effayons d'en faire la fépa-
ration.

Quand on demande, fi les Bêtes ont un Langage, il faut diftinguer foigneufement deux fortes de
Langages, le *naturel* & *l'artificiel*. Dans la première efpèce doivent être rangés tous les *fignes* par
lefquels l'Animal donne à connoître ce qui fe paffe
dans fon intérieur. Mais, fi nous voulons nous bor-
ner aux feuls *fons*, le Langage naturel fera un affemblage de fons *non-articulés*, uniformes dans tous
les Individus de la même Efpèce, & liés tellement
aux fentimens qu'ils expriment, que le même fon
ne repréfente jamais deux fentimens oppofés. Le
Langage *artificiel*, au contraire, fera un affemblage
de fons *articulés* & *arbitraires*, qui n'ont d'autre liaifon avec les idées qu'ils repréfentent, que celle
que leur donne *l'inftitution* ou la convention ; en-

forte que le même *fon* peut être *figne* d'idées très-différentes & même oppofées.

Le Langage *artificiel* eft proprement ce que nous nommons la *Parole*. L'Homme eft le feul Animal qui *parle*, & cette admirable prérogative lui donne l'empire fur tous les Animaux. Par la Parole, il règne fur la Nature entière, remonte à fon DIVIN AUTEUR, le contemple, l'adore, & lui obéit. Par la Parole, il fe connoît lui - même, connoît les Etres qui l'environnent, & les tourne à fon ufage: il peut dire *Moi*, juger de fes rélations, s'y conformer, & accroître ainfi fon bonheur. Par la Parole, il devient un Etre vraiment fociable, & les Sociétés qu'il forme, il les gouverne par des loix, qu'il crèe, change ou modifie felon les tems, les lieux & les occurences.

La Brute, bornée au Langage *naturel*, ignore tout, hormis fes befoins & les objets qui peuvent les fatisfaire : mais une multitude de fenfations tient à ces befoins divers, & toutes ou prefque toutes ont leurs fignes *naturels*. L'efpèce de ces fignes, leur nombre, leur emploi, l'ordre dans lequel ils fe fuccèdent ; la manière dont ils font variés & combinés, conftituent le Génie de la Langue des différens Animaux, & fourniffent au Naturalifte une fource intariffable d'obfervations curieufes, de recherches fines, de détails intéreffans; mais s'il veut éviter l'erreur, il ne puifera dans cette fource féconde, qu'à l'aide d'une faine Logique.

Les obfervations qui prouvent que les Bêtes ont un *Langage naturel*, font en grand nombre. Nous ne ferons embaraffés que fur le choix. Nous ne

re-

reſtreindrons pas ce Langage aux *ſons* : nous y join-
drons tous les ſignes par lesquels la Brute exprime
ce qu'elle ſent. Il n'eſt pas beſoin d'aller bien loin
pour étudier cette Langue : une Baſſe-cour eſt l'é-
cole où l'on peut le mieux s'en inſtruire. Prêtons
donc une Oreille attentive aux Animaux domeſtiques, & prenons-les pour nos Maîtres.

Suivons une Poule qui conduit des Pouſſins. A-
t-elle fait quelque trouvaille ? elle les appelle pour
leur en faire part : ils l'entendent, & accourent
auſſi-tôt. Viennent-ils à perdre de vuë cette Mère chérie ? leurs cris plaintifs témoignent aſſez leurs
peines & leurs beſoins.

Remarquons encore les différens cris du Coq,
quand il entre un Homme ou un Chien dans la
Baſſe-cour ; ſoit quand il découvre l'Epervier ou
quelqu'autre objet qui l'effraye ; ſoit enfin quand il
raſſemble ſes Poules ou qu'il leur répond.

Que veulent dire ces ſons lugubres de cette Poule d'Inde ? voyez ſes Petits ſe cacher & ſe tapir à
l'inſtant. On les diroit morts. La Mère regarde
vers le Ciel, & redouble ſes gémiſſemens. Qu'y
découvre-t-elle ? un point noir, que nous avons
peine à démêler, & ce point noir eſt un Oiſeau
de proye, qui n'a pû tromper la vigilance & la
pénétration de cette Mère, inſtruite de loin par la
Nature. L'Ennemi disparoît : la Poule pouſſe un
cri de joye ; les allarmes ceſſent, les Petits reſſuſ-
citent ; & les voilà tous rendus auprès de leur Mère & à leurs plaiſirs.

Obſervons les Canards, lors qu'ils veulent aller
au bain. Ne ſemble-t-il pas qu'ils en conviennent

ToME II. O

entr'eux par des signes de Tête réitérés, analogues à ceux que nous faisons nous-mêmes quand nous aprouvons?

Le Chat, par ses miaulemens divers, exprime à son Maître ses besoins, à sa Femelle son amour, & à son Rival sa colère.

Ecoutez cette Chatte, qui sollicite ses Petits à quitter le galletas où ils ont été élevés, & à descendre dans les offices, pour partager avec elle les avantages de ce nouveau séjour. Voyez-la encore jouër avec eux. Elle vient de prendre une Souris : elle les appelle; ils accourent à sa voix. Elle leur lâche la proye vivante, & leur aprend à s'en jouër. Quel concert dans leurs jeux ! quelle vivacité, & quelle variété dans leurs mouvemens ! quelle expression dans leurs gestes, dans leurs contorsions, dans leurs attitudes ! Que d'esprit dans tout cela ! passez moi ce mot, que ma Logique a beau réprouver.

Le Langage du Chien, le plus expressif de tous, est si varié, si fécond, si riche, qu'il fourniroit seul à un long Vocabulaire. Qui pourroit demeurer insensible à la manière dont ce Domestique fidèle fait éclater la joye que lui donne le retour de son Maître? Il saute, danse, va, revient, retourne, circule rapidement & avec grace autour de ce Maître chéri, s'arrête tout à coup au milieu de sa course, fixe sur lui des regards pleins de tendresse, s'en aproche, le lèche à plusieurs reprises, reprend sa course, disparoît, reparoît un instant après pour mettre à ses pieds quelque chose, gesticule, aboye, conte à tout le monde sa bonne fortune, sa joye s'extravase par mille endroits, & de mille façons; il ne se possède plus, il redouble ses aboyemens; on diroit qu'il va parler: mais, quelle différence du ton qu'il prend à présent, à celui qu'il prendra la nuit, lorsque placé en sentinelle sur la porte du logis, il apercevra un Voleur! quelle différence encore entre ce nouveau ton, & celui dont il usera à la vuë du Loup! Suivez ce Chien à la chasse: quelle expression dans tous ses mouvemens, & surtout dans ceux de sa Queuë! Quelle sage ardeur, quelle mesure, quelle sagacité, quel accord avec le Chasseur! quel art à se faire entendre, à modifier à propos ses allures, à diversifier ses indications! un Lièvre est lancé; le Chien donne de voix, & qui pourroit se méprendre aux sons redoublés qu'il rend alors!

Je cotoye un Bois: j'entends deux Oiseaux qui se répondent l'un à l'autre. Je les vois se raprocher peu à peu: je reconnois que ce sont deux Serins: après avoir sauté quelque tems de branches en branches, je les vois se poser l'un auprès de l'autre, commencer à se becqueter, & en venir à de petites agaceries: les caresses redoublent: rien de plus expressif que tout cela: l'heureux Couple s'unit. Le Mâle gazouille tout bas; la Femelle l'écoute, & lui répond par intervalles. Ils ne doivent plus se séparer, & tous deux vont travailler de concert à construire le Nid, qui recevra le Fruit de leurs amours. Ils l'ont construit, la Femelle a pondu, & elle couve. Le Mâle se tient auprès d'elle, & semble vouloir charmer par ses accens l'ennui de l'*Incubation*. Les Petits éclosent; le Père & la Mère pourvoyent à leur éducation, & les soignent tour à tour. Je les entens demander la pâture; ils l'ont reçuë; ils se taisent.

Je chaſſe à la *pipée*, & je me ſers d'une Chouët-
te. Une Hirondelle l'aperçoit, crie & vole quelque tems autour du triſte Oiſeau, & disparoit. Au
bout d'un quart d'heure, je vois accourir des Escadrons d'Hirondelles, qui me forcent d'abandonner
la chaſſe. La première Hirondelle avoit donc été
ſonner le tocſin?

J'entre dans la Ville; j'entens un Chien qui aboye
avec force, & presque ſans interruption : d'autres
Chiens le joignent bientôt, & tous ne ceſſent d'a-
boyer. Je cherche ce qui peut les ameuter ainſi :
je découvre un Homme vêtu d'une ſorte d'uniforme, & apuyé ſur un bâton. Cet Homme eſt un
de ces Archers prépoſés par la Police pour tuer &
empoiſonner les Chiens dans certains tems de l'année: ces Animaux les connoiſſent, & leur rendent
guerre pour guerre.

CHAPITRE XXVIII.

Continuation du même ſujet.

Sɪ nous descendions des Espèces ſupérieures aux
Espèces inférieures, & ſi nous nous arrêtions aux
Inſectes, nous trouverions, qu'il en eſt qui ne ſont
pas mal habiles à peindre leurs petites paſſions, &
à exprimer leurs plaiſirs ou leurs beſoins. Les
amours des *Araignées*, des *Demoiſelles*, des *Papillons*
nous préſenteroient bien des traits, qui ne nous per-
mettroient pas de douter, que le Mâle & la Femelle n'ayent une manière de s'entendre, & même
très-expreſſive. Leur manège adroit, leurs tours
variés, leurs petites ruſes nous prouveroient, qu'ils
ne ſont point novices dans cette Langue que tous

les Etres fentans poffèdent plus ou moins, & dont les *fignes* ne font presque jamais équivoques. Nous verrions le Mâle folliciter longtems par ses jeux, par ses careffes, par fa conftance, des faveurs, qu'on ne fembleroit d'abord lui refufer, que pour exciter plus fortement ses défirs & fa paffion. Nous obferverions la *Reine - Abeille* fe proftituer aux *Faux - Bourdons*, triompher de leur indolence par des agaceries redoublées, caufer la mort de celui qu'elle auroit ainfi vaincu, s'efforcer par ses careffes de le rendre à la vie, & lui demeurer fidelle même après la mort. Les prévenances & les empreffemens des *Neutres* pour cette Reine fi néceffaire à fon Peuple, les espèces d'hommages qu'ils lui rendent, ne groffiroient - ils pas encore le Dictionaire des Infectes?

Quand on connoît un peu l'admirable compofition de l'Organe de la Voix de l'Homme, & de celui de la Voix des Quadrupèdes & des Oifeaux, l'on ne s'avife guères de mettre en queftion, fi de tels Organes leur ont été donnés pour rendre des fons, & pour les modifier. L'Imagination fuccombe presque à la vuë du nombre prodigieux de pièces, & de pièces différentes, qui entrent dans la ftructure de ces Organes merveilleux, qui font à la fois des Inftrumens *à cordes* & *à vent*. Ces Inftrumens font fi bien montés pour rendre les fons propres à l'Espèce, que fi l'on foufle dans la *Trachée* d'un Mouton ou d'un Coq morts, on croira entendre l'Animal lui-même. La *Cigale* pourroit nous offrir en ce genre des merveilles, qu'on ne s'attendroit pas à rencontrer chez les Infectes. Si l'on ne reftreignoit point le mot de *Voix*, à cet Air modifié par les Fibres tendineufes de la *Glotte*, &

par les autres parties du *Larynx*, la Cigale auroît une *Voix*, & l'Organe de cette Voix nous paroîtroit presque auffi admirable que celui de la Voix des Quadrupèdes & des Oifeaux. Ne réfiftons point à la tentation de descendre dans un détail fi propre à nous convaincre, que les plus petites Productions de la Nature, font l'œuvrage de cette INTELLIGENCE ADORABLE qui s'eft peinte dans le petit comme dans le grand.

La Cigale eft une espèce de *Ventriloque :* c'eft dans fon Ventre qu'eft placé l'Organe de fa Voix. Le Mâle feul fçait chanter ; la Femelle eft muette, & apparemment que le chant du Mâle ne lui déplait pas. Sur le Ventre de ce dernier font deux Plaques écailleufes, à peu près circulaires, & attachées d'un coté par des ligamens, & mobiles de l'autre. Elles peuvent être foulevées, & pour qu'elles ne le foyent jamais trop, elles font retenuës par deux petites Chevilles. Si l'on enlève ces Plaques, l'on fera frappé de l'appareil qu'elles recouvrent, & l'on ne pourra s'empêcher d'y reconnoître un but déterminé, un but analogue à celui que nous découvrons fi clairement dans un *Larynx* ou dans une *Glotte*. L'on voit d'abord une grande cavité, agréablement rebordée dans fon contour fupérieur, & partagée en deux loges par une pièce triangulaire. Au fond de chaque loge, eft une espèce de miroir, du plus beau poli, & qui regardé obliquement, préfente toutes les couleurs de l'Arc-en-Ciel. Il femble que ce foyent deux fenêtres vitrées, par lesquelles on peut voir dans l'intérieur de l'Animal. Mais, ces fenêtres ont chacune un volet, qui les couvre ordinairement, & ce volet eft une de ces Plaques écailleufes dont j'ai parlé. Au dessous de chaque volet, est un petit chevalet, qui soutient le volet, & l'empêche de s'abaisser trop dans la cavité.

Voilà déja bien des Pièces employées à faire chanter une Cigale, & pourtant ce ne sont encore là que les dehors d'un Organe, dont nous allons entrevoir l'intérieur, & les Pièces vraiment essentielles. Outre les loges garnies de miroirs, il y a dans la grande cavité deux petits réduits, tapissés d'une Membrane très-élastique, sillonée régulièrement, & destinée à faire les fonctions de la Peau des Timbales. C'est ce qui a fait nommer ces réduits les *Timbales* de la Cigale. Si l'on passe une Plume sur la Peau de ces Timbales, l'on fera chanter la Cigale, & cela arrivera dans une Cigale morte depuis longtems, comme dans une Cigale vivante. Les sillons ou les plis réguliers de la Membrane élastique, sont autant de petits Instrumens sonores, qui ont chacun leur son propre. L'Air ébranlé & modifié par ces Instrumens, va résonner dans les loges, où il est encore modifié par les différentes Pièces qu'elles renferment, comme il est modifié dans les Quadrupèdes & dans l'Homme par les cavités de la Bouche & du Nez. Deux grands Muscles, formés de la réunion d'un nombre prodigieux de Fibres droites, sont chargés de mettre en jeu les Sillons sonores, & telle est la cause immédiate d'un cri qui nous paroît si ennuyeux. Nous nous étonnons que la Nature se soit mise en de si grands frais pour le produire ; elle s'est mise en plus grands frais encore pour opérer le Braîment de l'Ane, & dans l'un & dans l'autre, elle n'a pas dû, je pense, consulter notre Oreille. Mais, l'Organe de la Voix suppose un Organe ré-

latif à celui de l'Ouïe : la Cigale auroit-elle donc
des Oreilles ? le Mâle flatteroit-il agréablement
celles de la Femelle ? où se plairoit-il lui-même à
son Chant ou au moins à l'exercice qu'il exige ?
Nous ne sçaurions rien dire de positif là dessus.
Il n'est pas facile de découvrir dans les Insectes le
siége de l'Ouïe. Tous n'en sont pas sans doute dé-
pourvûs. Le Lézard & la Grenouille ont des
Oreilles, & ils sont bien voisins des Insectes. Les
Organes semblables ou analogues ont été si diversifiés dans le Règne Animal, qu'il ne seroit pas
étrange, que nous eussions vûs cent fois les Oreilles des Insectes, sans avoir pû les reconnoître.
D'ailleurs n'oublions point, que la Nature fait souvent servir le même Instrument à plusieurs fins.
La Langue des Moules ne leur sert-elle pas à la
fois de Bras, de Jambes & de Filière ? (*)

Les Animaux qui naissent & vivent en Société,
qui travaillent comme de concert aux mêmes ouvrages, sont ceux auxquels un Langage sembloit
être le plus nécessaire. En effet, appellés à ne former qu'une même Famille, à se soulager mutuelle-
ment dans leurs besoins, à s'entr'aider dans leurs
travaux, quel moyen plus convenable que celui-là
pour répondre à cette destination ? Aussi a-t on
observé chez ces Animaux des particularités, qui
paroissent prouver qu'ils s'entendent. Nous avons
vû (†) les Marmottes en sentinelle, donner à leurs
Compagnes, par un coup de siflet, le signal de la
fuite. Les Castors ont un signal analogue : ils
frappent sur l'eau un grand coup de leur Queuë,

(*) Chap. 13. & 21. de cette Partie.
(†) Chap. 26. de cette Partie.

& chacun eſt averti de pourvoir à ſa ſûreté. Il y a mille traits de ce genre, qu'il ſeroit long & inutile d'indiquer. Mais en conclurrons-nous, que les ouvrages que ces Animaux conſtruiſent en commun ſont dirigés de même par un Langage qui leur eſt particulier? Il me ſemble qu'il n'eſt pas beſoin de recourir ici à un pareil moyen. Une comparaiſon éclaircira ma penſée.

Cinquante Architectes ſont raſſemblés dans le même lieu pour travailler à la conſtruction d'un Edifice. Ils ne doivent point ſe parler; tous ſont muets de naiſſance; mais tous ont ſous leurs yeux un plan de l'Edifice, & ont reçu les mêmes diſpoſitions, & les mêmes inſtrumens pour l'exécuter. Tous ſont doués des mêmes talens & de la même meſure d'Intelligence. Les mêmes idées qui ſont dans la Tête de l'un, ſe trouvent pareillement dans la Tête de l'autre. Ainſi tous jugent, & agiſſent uniformément dans chaque cas particulier, & toujours dans un raport déterminé à ce cas. Les Matériaux que les uns ont amaſſés, les autres les mettent en oeuvre. Ce que le premier a commencé, le ſecond le ſuit, un troiſième l'achève, un quatrième le perfectionne. Nulle contradiction, nulle diverſité dans les ſentimens, & dans la façon d'agir, nulle conſuſion, parce que les idées, les volontés & les moyens ſont préciſément les mêmes chez tous. Ceci nous repréſenteroit-il ce qui ſe paſſe dans les Républiques des Fourmis, des Abeilles, des Caſtors, &c.?

Quoi qu'il en ſoit; on ne ſçauroit disconvenir que les Bêtes n'ayent un Langage *naturel*: cent & cent obſervations concourent à l'établir. Non ſeulement elles donnent à connoître ce qu'elles éprouvent; mais nous parvenons encore à les diriger à notre gré, par le seul secours de la Voix. Certains sons qui ont plusieurs fois frappé leurs Oreilles, & qui les ont toujours frappées dans des circonstances propres à faire sur le Cerveau une forte impression, s'y gravent profondément; ensorte qu'à l'ouïe de ces mêmes sons, l'idée de la chose ou de l'acte qui y a été attachée, se réveille à l'instant. &c. La manière dont on dresse les Animaux *domestiques*, & celle dont on aprivoise les Animaux *sauvages*, en fournissent des exemples sans nombre.

Le Vulgaire croit qu'on enseigne aux Bêtes à *parler*: il ne sçait pas, que *parler*, c'est lier ses *idées* à des signes *arbitraires*, qui les *représentent*. Les phrases que le Perroquet répète avec tant de précision, ne prouvent point qu'il ait les idées attachées aux mots qu'il prononce: il pourroit prononcer aussi bien les termes des Sciences les plus abstraites. Qui ne voit que c'est ici un jeu purement *automatique?* Si l'on est parvenu à aprendre à quelques Animaux domestiques à distinguer les caractères de l'alphabet, à les lier, à en composer des mots, à mélanger les couleurs, à les assortir, &c. &c. tous ces faits, & cent autres de même genre, qui étonnent le Vulgaire, prouvent simplement que le Cerveau des Animaux est capable de former des *associations* d'idées *sensibles*. La chose est de l'évidence la plus parfaite: en imprimant le mot de DIEU, l'Animal peut-il avoir les idées que ce mot réveille dans la Tête de l'Imprimeur? Les Bêtes n'ont & ne peuvent avoir que des idées *particulieres* ou purement *sensibles*. Il leur est impossible de s'élever à nos idées *universelles*; c'est

qu'elles ne font point douées de la *Parole*. Elles
ne *généralifent* point leurs idées ; elles ne forment
point des abftractions *intellectuelles*. Le *Sujet* fe
confond pour elles avec fes *Attributs*, ou plutôt, il
n'eft point pour elles de *Sujet* ni d'*Attributs*. Les
Etres ne leur font connus que par quelques qualités fenfibles. Toutes leurs comparaifons, tous leurs
jugemens repofent immédiatement fur ces qualités.
Les Bêtes ne *raifonnent* donc point, à parler exactement : elles n'ont point nos idées *moyennes*, parce
qu'elles n'ont point nos *fignes*. Lors donc qu'elles
paroiffent raifonner , elles ne font que comparer ou
fe rappeller certaines idées fenfibles, d'où réfultent
tel ou tel mouvement, telle ou telle action. Plus
les idées comparées ou rappellées feront nombreufes, variées, & plus les Bêtes paroîtront raifonner.
Ce ne fera pourtant jamais qu'une apparence , qui
ne trompera point ceux qui auront affez de philo-
fophie dans l'Efprit pour analyfer ce mouvement ou
cette action, & remonter au principe. Donnez aux
Caftors l'ufage de la Parole : penfez - vous qu'ils s'en
tiendroient éternellement à leur groffière Architecture ? doués alors de la faculté de généralifer leurs
modèles ; ils diverfifiëroient autant leurs manoeuvres, que leurs Organes pourroient le permettre.
Leur attention fe déployant avec une nouvelle force , leur feroit découvrir des chofes qui échappent
à la portée actuelle de leur connoîffance. Ces découvertes en améneroient d'autres , celles - ci d'autres encore, & au bout d'un certain nombre de Générations, les Caftors feroient fur les pas de nos Architectes. Mais, ce n'eft pas ici le lieu d'aprofon-
dir ce fujet de Métaphyfique & de montrer comment la Parole perfectionne toutes nos Facultés. Il
me fuffit d'avoir indiqué la principale fource des

méprifes que l'on commet fi généralement fur le
opérations des Bêtes. La méprife eft bien plus
grande encore, lors qu'on leur prête toutes nos vuës
& toute notre prévoyance. Je ne diffimulerai point
néanmoins qu'il eft en ce genre des faits qui étonnent, qui s'emparent violemment de notre admiration, & qui féduiroient le Philofophe lui-même, s'il
n'étoit continuellement fur fes gardes. J'en ai déja
raconté plufieurs: je vais en raffembler d'autres, qui
ne frapperont pas moins, & qui manqueroient à
mon ouvrage fi je les omettois.

CHAPITRE XXIX.

La Chenille qui fe conftruit une Coque en Naffe de Poiffon.

Dans le Chapitre IV. de cette Partie, nous
avons pris une idée de la conftruction des Coques des
Chenilles, & des variétés les plus remarquables de
cette conftruction chez différentes Efpèces. Il s'en
faut beaucoup que nous ayïons épuifé cet agréable
fujet; nous ne devions pas même entreprendre de
le faire; mais nous pouvons y revenir avec plaifir.
Une grande Chenille, qui fe fait aifément remarquer
par des Boutons ou *Tubercules*, femblables à de petites *Turquoifes*, dont fes Anneaux font ornés, fe
conftruit une groffe Coque de pure foye, fort luftrée & très-épaiffe. Cette Coque enrichiroit nos
Fabriques, fi l'on fçavoit en tirer parti. Examinez attentivement celle que j'ai renfermée dans cette boîte. Un de fes bouts eft arrondi; l'autre fe
termine en pointe. Fixez vos regards fur celui-ci.
Il eft ouvert. Comment l'Infecte, dans fon état
d'inaction, eft-il à l'abri des infultes des petits Ani-

...aux voraces, tandis qu'il demeure dans une Coque ouverte à tout venant ? Il est appellé à y passer ordinairement neuf à dix mois, & quelquefois
il arrive par des circonstances particulières, à nous
inconnuës, qu'il y passe plusieurs années. Vous re-
prochez déja à la Chenille sa négligence, & vous
demandez pourquoi elle n'a pas la précaution de fermer exactement sa Coque, comme le Ver-à-Soye,
& tant d'autres Chenilles ? Suspendez un moment
vos reproches : le Papillon dans lequel cette Chenille se transforme, n'a aucun instrument pour rompre ou couper les fils de la Coque, & pour s'y
frayer une issuë. Il resteroit donc toute sa vie pri-
sonnier dans cette Coque, que vous voudriez qui
fut si bien close. La Chenille la laisse donc ouverte: mais elle sçait en même tems en interdire l'entrée à tout Insecte vorace. Elle pratique une espèce de Nasse de Poisson. Les fils qui la composent, sont beaucoup plus forts que ceux du reste de
la Coque. Ils ont de la roideur. Ils sont comme
equipés ou frangés. Tous sont couchés & dirigés
dans le même sens, & se terminent à l'ouverture.
La Nasse ou l'Entonnoir qu'ils forment par leur assemblage, a son embouchûre tournée du coté de
l'intérieur de la Coque. Ouvrons cette Coque avec
des cizeaux : vous voyez distinctement tout l'artifice de la petite Nasse. Vos reproches se changent
maintenant en éloges, & vous admirez l'adresse de
la Chenille. La Nasse se présente au Papillon qui
veut sortir, comme nos Nasses se présentent aux
Poissons qui veulent y entrer: par conséquent, elle
se présente aux Insectes voraces, comme nos Nasses aux Poissons qui tentent d'en sortir.

Je ne vous ai pas montré encore tout l'art de
la Chenille. Une seule Nasse ne suffiroit pas sans

doute : il pourroit se trouver des Insectes qui
introduiroient, & qui dévoreroient la Chrysalide.
Notre Chenille pratique donc une seconde Nasse,
au dessous ou dans l'intérieur de la première, & les
fils de cette seconde Nasse sont encore plus serrés
que ceux de la Nasse extérieure. Observez, je
vous prie, avec quelle précision les deux Nasses
sont emboîtées l'une dans l'autre : vous vous écriez,
qui pourroit méconnoître ici une fin déterminée ?
Ne vous y méprennez pas : ce n'est point la Chenille qui s'est proposée cette fin, c'est l'Auteur
de la Chenille. Analysez un peu toutes les connoissances, & tous les raisonnemens que cette fin
supposeroit dans la Chenille, & vous reconnoîtrez
bientôt, qu'elle n'est qu'un Instrument aveugle,
qui exécute méchaniquement un travail nécessaire à
la conservation de l'Individu. Cet Instrument peut
se déranger dans ses opérations, comme toute autre Machine : il peut même se déranger davantage,
parce qu'il est moins simple, & qu'il n'est pas une
pure Machine. Aussi a-t-on vû une Coque d'u-
ne Chenille de cette Espèce, qui étoit toute ronde, bien close de toutes parts, sans Nasses, & dont
il ne sortit point de Papillon. On observe de pareils dérangemens dans le travail de divers Insectes, & en particulier dans celui des Abeilles. Ce
ne sont pas probablement des *méprises* de l'Animal,
comme on le pense communément. Des méprises
supposent la possibilité d'un *choix*, & les Animaux
choisissent-ils, à parler philosophiquement ? N'est-
il pas plus vraisemblable, que le jeu des Organes
troublé ou modifié plus ou moins par des circonstances particulières, produit ces irrégularités,
qu'on interprète souvent d'une manière trop favorable à la Liberté de l'Insecte ? Il est vrai, qu'il

éfulte quelquefois de ces irrégularités des avantages réels, dont l'Infecte profite, mais ces avantages, il ne les a ni prévûs ni cherchés : ils étoient
les exceptions d'un fyftème phyfique, lié à d'autres fyftèmes phyfiques, par l'AUTEUR de l'Enchaînement univerfel, qui a vû de toute éter-
nité les écarts de la Chenille ou de l'Abeille,
comme IL a vû ceux des Corps Céleftes.

CHAPITRE XXX.

La Chenille Rouleufe qui fe conftruit une Coque en Grain d'Avoine.

NOUS avons fort admiré la Méchanique ingé-
nieufe & presque fçavante, au moyen de laquelle
diverfes Chenilles roulent les Feuilles des Arbres.
(*) Nous nous fommes affez arrêtés à confidérer
leurs différentes manoeuvres, foit lors qu'elles font
prendre à la Feuille la forme d'un Tuyau, foit lors
qu'elles lui donnent celle d'un Cornet, pofé fur
fa bafe comme une piramide. Voyez ces Feuilles de Frêne roulées ainfi en Cornet. Elles font
habitées par une petite Chenille, qui s'y eft conftruite une Coque de pure foye, affez femblable
à un Grain d'Avoine. Nous ne fçaurions obferver
cette Coque fans ouvrir le Cornet. Ouvrons-le
avec précaution. La Coque eft logée au centre.
Vous apercevez de petites cannelures fur fon extérieur : elles ne font pas ce qui mérite le plus votre attention. Remarquez furtout comment cette
jolie Coque eft fufpenduë au milieu du Cornet, à

(*) Chap. 7. de cette Partie

l'aide d'un fil ou d'un petit axe de foye, dont un des extrêmités tient au fommet du cône, & l'autre à fa bafe, ou au plat de la Feuille. Regardez de fort près l'endroit où le fil s'attache fur le plat de la Feuille: vous y apercevez une petite Pièce exactement circulaire, noyée dans l'épaiffeur de la Feuille, & qui vous paroît cacher quelque deffein fecret. Vous la retrouverez dans bien des Cornets, mais il arrivera fouvent, que vous verrez à la place un petit trou rond, bien terminé, & qui femblera avoir été fait par un *Emporte-pièce*. La Pièce circulaire eft l'ouvrage de la Chenille: elle a rongé adroitement la Feuille à cet endroit; elle en a coupé circulairement une petite portion, qu'elle a eû grand foin de laiffer en place. Vous commencez à démêler le but de ce travail. Il tend à ménager une iffuë fecrette au Papillon, en même tems qu'il interdira l'entrée du Cornet aux Infectes malfaifans. Notre induftrieufe Chenille pratique donc une petite porte à fa cellule. Cette porte ne doit s'ouvrir qu'après la dernière Métamorphofe: fes contours s'engraînant dans la Feuille, elle y demeure comme encadrée. Au fortir de la Coque, le Papillon descend le long du fil qui le tient fufpenduë; il en fuit la direction, arrive à la porte, & la fait fauter en la pouffant avec fa Tête. Ces Cornets, que vous voyez percés, ont été abandonnés par les Papillons.

CHA-

CHAPITRE XXXI.

Procédés analogues de quelques autres Insectes.

Nos Grains sont sujets à être mangés par une très-petite Chenille, qui se loge dans leur intérieur & s'y métamorphose. L'Enveloppe du Grain est une sorte de Boîte bien close, que la Chenille tapisse de soye. Mais le Papillon n'a point d'instrument pour percer cette Boîte, & il y demeureroit captif, si la Chenille n'avoit été instruite à lui préparer une sortie. Elle s'y prend comme la *Rouleuse* du Frêne : avec ses Dents, elle taille dans l'Enveloppe du Grain une petite pièce ronde, qu'elle se donne bien de garde d'en détacher entièrement. Le Papillon n'a qu'à pousser cette pièce pour se mettre en liberté.

Au centre de la Tête du Chardon *à Bonnetier*, est une grande cavité oblongue, habitée ordinairement par une petite Chenille, qui s'y fait une sorte de Coque, où elle se transforme. L'Ecorce du Chardon est beaucoup plus dure que celle de nos Grains. Il seroit impossible au Papillon de s'y faire jour. Il lui faudroit de fortes Dents pour y parvenir, & il n'a point d'instrumens semblables ou analogues. La Chenille, qui semble le sçavoir, pourvoit habilement aux besoins du Papillon. Elle perce de part en part les parois de sa cellule ; elle

TOME II.   P

y pratique un petit trou rond, vis-à-vis le bout
de sa Coque, par lequel le Papillon doit sortir.
Mais, si ce trou demeuroit ouvert, la Chrysalide
seroit trop exposée. La Chenille s'avise d'un moyen
fort simple pour en boucher l'ouverture. Tout
l'extérieur de la Tête du Chardon est couvert des
Graînes de la Plante. Elles sont implantées dans
l'Ecorce, entre les Piquans. Ce sont de petits
Corps oblongs & cannelés, posés les uns auprès des
autres. La Chenille assujettit à l'extérieur du trou
quelques uns de ces petits Corps. Ils y font l'of-
fice des Nasses de la Coque dont j'ai parlé dans le
Chapitre précédent.

En parcourant les Procédés des Teignes *Aquatiques*, (*) nous avons remarqué qu'elles se transforment dans leur Fourreau. Il faut que l'eau puisse
se renouveller sans cesse dans ce Fourreau. Il faut
aussi qu'aucun Insecte vorace ne puisse y avoir accès. Au lieu de mettre une porte pleine à chaque
bout de son logement, la Teigne y met une porte grillée, & ce grillage satisfait à tout. Ne prêtons pas à cette Teigne notre manière de raison-
ner. Sçait-elle que des Insectes voraces en veulent à sa vie ? Sçait-elle qu'elle revêtira une forme sous laquelle elle ne pourra fuïr ? Non, elle
ne sçait point tout cela, & elle n'a que faire de le
sçavoir. Elle a été instruite à tendre des fils qui
se croisent ; elle les tend ; en les tendant elle satisfait à un besoin purement physique, & pourvoit
machinalement à des inconvéniens qu'elle ne connoît point & ne peut connoître. Jugez sur le même principe des autres faits de ce genre. C'est

(*) Chap. 11. de cette Partie.

toûjours l'AUTEUR de l'Infecte qui eft feul admirable.

CHAPITRE XXXII.

La Teigne des Feuilles.

Nous-nous fommes promis de revenir aux Teignes *Champêtres:* (*) en voici le lieu. Leurs Procédés font fi finguliers, & en apparence fi refléchis; l'Infecte fçait les varier fi à propos, qu'ils exigent que nous entrions dans quelque détail, & que nous tachions de nous en former des idées philofophiques.

C'eft, comme nous l'avons vû, (†) avec des Membranes de Feuilles, que notre Teigne s'habille. La forme de fon Fourreau eft recherchée. Elle tient de la cylindrique: mais les bouts font différemment façonnés. L'antérieur, celui où fe montre la Tête de la Teigne, eft arrondi, coudé & rebordé. Le poftérieur eft formé de trois pièces triangulaires, que leur reffort naturel tend à réunir par leurs extrêmités, & qui peuvent s'écarter pour laiffer fortir le derrière de l'Infecte. Quelquefois le Fourreau eft orné du coté du Dos, de dentelures, qui imitent les Aîlerons ou *Pinnes* des Carpes.

Pour conftruire ce Fourreau, la Teigne fe gliffe dans l'épaiffeur d'une Feuille verte; elle s'infinuë entre les deux Membranes qui la compofent. Elle en détache la *Pulpe* ou le *Parenchyme* qu'elles ren-

(*) Chap. 11. de cette Partie.
(†) Ibid.

P 2

ferment. Ce Parenchyme est la nourriture apropriée à la Teigne. Ainsi, en même tems qu'elle
satisfait au besoin de manger, elle prépare l'étoffe,
dont son habit doit être fait. Les deux Membranes sont cette étoffe. Chacune d'elles est pour la
Teigne, ce qu'une pièce de drap est pour un Tailleur. Comme ce dernier, elle donne aux différentes pièces de l'habit, les contours & les proportions qu'elles doivent avoir séparement, pour répondre à l'usage auquel elles sont destinées. L'habit
que la Teigne veut se tailler, doit être formé de
deux morceaux de Feuille égaux & semblables,
réunis sur le Dos & sous le Ventre. Elle coupe
donc dans chacune des Membranes entre lesquelles
elle est placée, une pièce de telle figure & grandeur, qu'elle formera la moitié de l'habit. Notre Teigne exécute cela avec autant de justesse &
de précision, que si elle avoit un *patron* qui la
guidât.

L'Habit taillé, il reste à le finir. La Teigne en
assemble d'abord les pièces assez grossièrement ; elle ne fait, pour ainsi dire, que les *faux-filer :* elle
veut, avant que de les réunir plus exactement,
s'assurer de leur justesse, les essayer, & leur faire
prendre le *bon pli* sur son propre Corps. C'est aussi
en se retournant, en se mettant dans toutes les po-
sitions où elle aura par la suite besoin de se mettre,
qu'elle les écarte l'une de l'autre autant qu'il est nécessaire, & que de planes elle les rend convéxes.
Elle les coud ensuite à points plus serrés, & elle le
fait si bien, & avec tant de propreté, qu'on a peine à démêler les endroits où les deux bords ont
été ajustés l'un contre l'autre.

Je fuprime à regret, bien des petits détails, qui reléveroient beaucoup l'art merveilleux de notre habile Ouvrière. Je n'ai pas même dit affez combien les contours de chaque pièce font variés. Ils le font prefque autant que ceux des pièces de nos habits. Je n'ai que peu infifté fur la manière dont la Teigne prépare l'étoffe, dont elle la polit; l'amincit, la décharge de tout le Parenchyme, & la rend auffi fouple que légère. Tous ces détails appartiennent à l'Hiftoire particulière des Teignes; je ne dois préfenter ici que les grands traits de cette Hiftoire.

Enfin; la Teigne ne fe contente pas d'un fimple Fourreau de Feuille : il ne feroit apparemment ni affez doux ni affez chaud. Elle le double de pure foye, & elle a foin de tenir la doublure plus épaiffe dans les endroits où le frottement eft le plus grand.

Après avoir mis ainfi la dernière main à fon habit, elle travaille à le dégager des parties de la Feuille dans lesquelles il eft demeuré comme encadré. Pour y parvenir, elle a moins befoin d'adreffe que de force. Elle fait fortir fa Tête hors du Fourreau; elle la porte en avant: elle fe cramponne fur la Feuille avec fes premières Jambes : elle fait effort pour avancer en ligne droite, en même - tems qu'elle faifit avec fes dernières Jambes l'intérieur du Fourreau &c.

La Teigne, qui vient de s'habiller fous nos yeux, a taillé fon habit dans le milieu d'une Feuille; mais fouvent elle le taille près des bords. Alors elle n'a à couper les Membranes que d'un coté feulement,

de celui qui eft oppofé aux dentelures; car près du
bord de la Feuille ces Membranes font réunies par
la Nature bien mieux encore qu'elles ne fçauroient
l'être par Main d'Infecte. Elles y ont de plus la
courbure qu'exige la forme du Fourreau. Le travail de la Teigne fe réduit donc à vuider les dentelures, à en détacher le Parenchyme, qui charge-
roit trop le Fourreau, ou qui en fe defféchant en
altéreroit la conftruction.

Pendant qu'elle eft occupée à ce travail, empor-
tons avec des cizeaux les dentelures: que fera la
Teigne? achevera-t-elle de couper les pièces qui
doivent former fon habit? nous venons de les couper du coté des dentelures; il refte à les couper
du coté oppofé: mais, remarquez, qu'elles ne tiennent plus à la Feuille que par ce coté: fi donc la
Teigne va les tailler à cet endroit, elles n'autont
plus de foutien, elles s'écarteront l'une de l'autre,
& il lui fera impoffible de les réunir & de leur donner le pli convenable. Encore une fois; que fera
la Teigne dans cette circonftance difficile? comment
s'y prendra-t-elle pour reparer le défordre que nous
venons d'occafionner dans fon travail? comment fe
tirera-t-elle d'une fituation auffi nouvelle qu'im-
prévuë?

Les Infectes vous ont accoutumé à compter beaucoup fur les reffources de leur Génie, & vous-vous
attendez bien que notre Teigne fçaura fe retourner, & trouver quelqu'expédient, que vous ne dé-
vinez point, & qui remédiera à tout. En effet; elle
renonce fur le champ à fon premier projet: elle
abandonne fa manoeuvre ordinaire; elle change de
méthode, précifément parce qu'il faut en changer.
Au lieu de fe mettre à couper les pièces de fon

habit, elle travaille à réunir avec des fils de foye, les deux Membranes que les cizeaux ont féparées. Enfuite, elle les double avant que de les couper. On voit ces Membranes, d'abord fort transparentes, devenir de plus en plus opaques, & changer de couleur. On reconnoît que cette opacité & ce changement de teinte font dûs à la doublure de foye, que la Teigne a coutume de donner à fon Fourreau. A mefure qu'elle double les Membranes, elle les rend plus convexes ; elle tend à leur faire repréfenter un Tuyau cylindrique, & déjà elles le repréfentent affez-bien. Il ne s'agit presque plus, que de les tailler du coté où elles tiennent à la Feuille. Mais, comment la Teigne parviendra-t-elle à les tailler à cet endroit ? la doublure eft proprement un Fourreau de foye : en fe renfermant dans ce Fourreau, la Teigne ne s'eft-elle pas ôtée toute communication avec les Membranes qui le recouvrent ? S'avifera-t-elle donc de fendre la doublure avec fes Dents, pour fe faire jour au travers ? point du tout ; elle a eu la précaution de s'y ménager de loin des ouvertures de diftance en diftance : elle a laiffé çà & là des vuides dans la toile : elle fait paffer fa Tête par ces ouvertures, & taille à fon gré les Membranes, les affemble, les unit étroitement, & finit par garnir tous les vuides de la doublure.

En vérité, en voilà, ce femble, bien affez pour donner une grande idée de l'Induftrie de notre Teigne. Je n'ai pourtant pas achevé d'indiquer tout ce que fon fçavoir-faire offre d'admirable. Vous-vous rappellez que les bouts du Fourreau font façonnés fort différemment : l'antérieur eft rond, rebordé & un peu coudé ; le poftérieur eft formé de trois pièces triangulaires, que leur reſſort naturel tient raprochées. Si nous euſſions laiſſé la Teigne à elle-même, elle auroit coupé le bout antérieur de ſon Fourreau, dans la partie de la Feuille la plus voiſine du Pédicule; le bout poſtérieur auroit donc été taillé dans la partie oppoſée. Mais le retranchement que nous avons fait des dentelures a occaſionné un déſordre, qui ne permet plus à la Teigne de ſuivre ſon premier plan. Nous avons ôté à la Feuille les contours & les proportions ſur leſquels elle avoit droit de compter, & qui devoient déterminer le lieu & la forme des bouts du Fourreau. Elle prend donc l'inverſe de ſa méthode ordinaire : elle va tailler le bout antérieur du coté de la pointe de la Feuille, & le poſtérieur du coté qui avoiſine le Pédicule.

Si notre Teigne étoit une pure Machine, l'on ne comprendroit pas trop, comment elle varieroit au beſoin ſes opérations. N'en concluons pas néanmoins qu'il n'y a rien du tout ici de machinal, & n'attribuons pas à l'Intelligence, ce qui n'eſt que le produit de certaines ſenſations, & de la ſtructure du Corps. Au fond, la plus grande merveille, la merveille la plus embaraſſante eſt ici le changement de manoeuvre de la Teigne. Quand elle taille ſon habit près du bord d'une Feuille, elle n'a à couper les Membranes que d'un coté ſeulement. Ce coté eſt celui qui couvrira le Ventre de l'Inſecte. Le coté oppoſé eſt déjà tout façonné des Mains de la Nature ; il a tout ce que la Teigne déſire relativement aux contours & à l'union des Membranes. Le Dos du Fourreau retiendra donc les dentelures de la Feuille ; il en ſera orné, & la Teigne n'a autre choſe à faire que de

les vuider exactement. Si pendant qu'elle s'occupe de ce travail, on emporte les dentelures par un
coup de cizeaux, on sépare les deux Membranes
que la Nature avoit étroitement unies, & l'Air a
un libre accés dans la Mine. Mais, aucune Teigne
ne s'accommode du contact immédiat de l'Air : toutes paroissent s'habiller pour s'en mettre à l'abri.
Notre Teigne trop à découvert, travaillera donc
d'abord à se couvrir. Elle tendra des fils de l'une
à l'autre Membrane. Elle a d'ailleurs à évacuer la
matière soyeuse que la nourriture reproduit sans
cesse : elle vient de dévorer le Parenchyme renfermé dans les dentelures, & cet aliment s'est con-
verti en soye. Le besoin de filer concourt avec la
sensation incommode du contact de l'Air. La Teigne ne se détermine pas sur des réflexions dont elle
est absolument incapable : elle ne s'abstient pas de
couper les Membranes, parce qu'elle juge qu'elles
lui échapperoient faute d'appui. Ce jugement supposeroit des connoissances, des comparaisons, des
conclusions qui sont très-évidemment au dessus de
la portée de l'Instinct. Qu'on prenne la peine d'a-
profondir un peu cela, & j'ose présumer, qu'on se
rangera à mon avis. Notre Teigne ne se met donc
à couper les Membranes qu'après les avoir réunies
du coté où elles avoient été séparées. Elle a dou-
blé de soye ces Membranes, elle a tapissé tout l'intérieur de la Mine, & nous demandions comment
cette doublure ne lui étoit point en obstacle lors
qu'il est question de couper les Membranes? Nous
avons remarqué qu'elle laissoit çà & là des vuides
dans la doublure pour y faire passer sa Tête, &
nous avons admiré cette sorte de prudence. Un illustre Observateur l'a sans doute trop exaltée, ainsi
que les autres Procédés de cet Insecte industrieux :

P 5

peu s'en faut qu'il ne lui ait accordé une portion
de cette Intelligence, qui brille avec tant d'éclat
dans ses sçavantes Recherches. Ces vuides, qui
paroîssent si habilement ménagés dans la doublure,
ne seroient-ils point l'effet tout simple de la disette
de soye ? La Teigne doit s'en être fort épuisée
en réunissant les Membranes & en les doublant : il
ne seroit donc pas merveilleux que la doublure ne
fut pas partout continuë ; elle ne l'est pas effecti-
vement, & nous nous plaisons à en faire honneur à
la prudence de la Teigne.

Nous ignorons, si dans ce changement de manoeuvres, le bout antérieur du Fourreau prend toûjours la place du postériéur, & réciproquement ;
mais le renversement en question ne prouveroit autre chose, sinon qu'en retranchant les dentelures,
nous avons fait perdre à une des extrêmités de la
Feuille les contours que requiert la façon du bout
antérieur de l'habit. L'extrêmité opposée de la
Mine présente apparemment des conditions plus fa-
vorables à cette partie du travail, & il est assez
naturel, qu'elles déterminent la Teigne à y placer
l'ouverture antérieure de son Fourreau. &c.

Quoique la Teigne s'épargne du travail en faisant entrer les dentelures dans la façon de son habit, il arrive pourtant assez souvent, qu'elle préfère
de le tailler en pleine Feüille. Si l'on y prend garde, l'on reconnoîtra, qu'elle en use ainsi lors que
les bords ont commencé à se dessécher. Il est dans
l'ordre de ses sensations que certaines circonstances
influent sur ses manoeuvres. Il n'est pas moins dans
l'ordre de la Méchanique de ses Organes, que certaines
opérations, qui nous étonnent, en résultent comme
de leur principe immédiat.

On infiste un peu trop fur la coupe de l'habit: on la repréfente, comme plus recherchée qu'elle ne l'eft en effet. Ce n'eft pourtant au fond que celle d'un Tuyau à peu près cylindrique, dont le Corps allongé de l'Infecte pourroit déterminer méchaniquement la forme & les dimenfions, fans qu'il fut befoin d'admettre ici la moindre ombre d'Intelligence. Il eft vrai, que les bouts de ce Tuyau font façonnés différemment; mais les parties de la Feuille dans lesquelles ces bouts font taillés, doivent influer plus ou moins fur la façon de chaque bout. &c.

CHAPITRE XXXIII.

Réflexions fur l'Induftrie des Animaux.

JE n'ai fait qu'indiquer les fources où je voudrois puifer la folution de tous les petits problêmes que nous offre le travail de la *Teigne des Feuilles*. Ce feroit dans des fources analogues que je puiferois la folution de tant d'autres problêmes que nous préfentent les Animaux dont l'Induftrie nous frappe le plus. Je ne fuppoferois pas, qu'ils fe propofent, comme nous, un *but* dans leurs diverfes opérations: les idées de *but*, de *fin*, de *moyen* font beaucoup trop réfléchies pour entrer dans la Tête d'un Animal, qui ne fçauroit avoir des *notions* proprement dites, & qui eft reduit à de pures *fenfations*. Il nous eft fi naturel de *réfléchir*, parce qu'il nous eft fi naturel de *lier* nos idées à des *fignes*, & d'en former des *notions* de tout genre, que nous imaginons fans peine que l'Animal *réfléchit* auffi. Nous le faifons donc agir précifement par les mêmes motifs qui nous détermineroient en cas pareil.

Avons-nous à rendre raiſon de quelque Procédé remarquable où nous croyons découvrir des vuës fines ? nous ſuppoſons auſſi-tôt de telles vuës ; nous y joignons de petits raiſonnemens implicites, & tout s'explique le plus heureuſement du monde ; mais, c'eſt comme je l'ai dit ailleurs, en transformant, ſans y ſonger, l'Animal en Homme, de pures ſenſations en vrayes notions. Si l'Animal pouvoit, ſans ceſſer d'être Animal, juger de nos propres opérations, il eſt à croire qu'il ne nous prêteroit point les motifs qui nous déterminent. Il nous feroit agir comme il agit lui-même ; il nous transformeroit en purs Animaux.

Ce ne ſeroit donc pas du *but* que nous découvrons dans l'ouvrage d'un Animal induſtrieux, que je voudrois partir pour rendre raiſon de cet ouvrage. Je ne dirois pas, *l'Araignée tend une toile pour prendre des Mouches* ; mais je dirois, *l'Araignée prend des Mouches, parce qu'elle tend une toile*, & elle tend une toile, parce qu'elle a *beſoin de filer*. Le but n'en eſt pas moins certain, moins évident ; ſeulement ce n'eſt pas l'Animal qui ſe l'eſt propoſé ; c'eſt l'AUTEUR de l'Animal. Par cette manière philoſophique de raiſonner, que perdroit la Théologie Naturelle ? n'y gagneroit-elle pas, au contraire, plus d'exactitude, plus de préciſion ? Raiſonnons donc ſur les opérations des Animaux, comme ſur leur ſtructure. La même SAGESSE qui a conſtruit & arrangé avec tant d'art leurs divers Organes, qui les a fait concourir à un but déterminé, a fait de même concourir à un but les diverſes opérations, qui ſont les réſultats naturels de l'Oeconomie de l'Animal. Il eſt dirigé vers ſa fin par une MAIN inviſible : il exécute avec préciſion &

u premier coup des ouvrages que nous admirons; il paroît agir comme s'il raisonnoit, se retourner à propos, changer de manoeuvre au besoin, & dans tout cela il ne fait qu'obéïr aux ressorts secrets qui le poussent; il n'est qu'un instrument aveugle qui ne sçauroit juger de sa propre action, mais qui est monté par cette INTELLIGENCE ADORABLE qui a tracé à chaque Insecte son petit cercle, comme elle a tracé à chaque Planète son orbite. Lors donc que je vois un Insecte travailler à la construction d'un Nid, d'une Coque ou d'un Fourreau, je suis saisi de respect, parce qu'il me semble, que je suis à un spectacle où le SUPREME ARTISTE est caché derrière la toile.

Les Animaux qui ont un plus grand nombre de *sens*, ont un plus grand nombre de sensations, & de sensations diverses. Et comme ils les distinguent, ils les comparent à leur manière. De la naissent des jugemens, qui paroissent tenir de la *réflexion*, & qui ne sont pourtant que de simples résultats de la comparaison de certaines idées purement *sensibles*.

J'ai encore quelques traits frappans à raconter de l'Industrie des Animaux. Je ne reviendrai pas à prémunir mon Lecteur contre les séductions de la surprise & de l'admiration: j'en ai dit assez pour qu'il ne puisse plus s'y méprendre. (*) Je l'ai mis à portée de traduire en langage philosophique, les expressions peu exactes qui m'ont échappé ou qui pourroient m'échapper dans la suite. Il est permis de s'écarter un peu de la rigueur philosophique, &

(*) Consultez les Chapitres 19, 25. & 27. de la Partie XI. & le Chap. 29. de cette Partie.

d'accorder quelque chose à l'interêt de la narration,
lors qu'on a eu soin de fixer le sens des mots, &
de donner, pour ainsi dire, la clef du discours.

CHAPITRE XXXIV.

L'Abeille qui construit un Nid avec une sorte de Glû.

EN parcourant rapidement les divers Procédés
des Insectes, rélatifs à la manière dont ils logent
leurs Oeufs, j'ai parlé d'un Nid admirable qu'une
Abeille solitaire construit avec des morceaux de
Feuilles. (*) J'ai dit qu'il est composé d'une suite
de cellules, semblables à des dez à coudre, & emboîtées les unes dans les autres, comme les dez le
font dans les boutiques. J'ai indiqué l'art prodigieux qui brille dans la construction de ce Nid,
dont chaque cellule est formée de plusieurs fragmens de Feuilles, coupés, roulés & assemblés avec
autant de précision que de propreté, & capables
comme un vase bien clos, de contenir une liqueur
sans la laisser jamais se répandre. Enfin ; j'ai fait
remarquer, que cet assemblage de cellules si régulièrement & si adroitement découpées, est recouvert d'une enveloppe générale, de même matière
que les cellules, & qui imite la forme d'un étui.

Ce Nid, dont je viens de retracer l'idée, est
caché sous terre. L'Abeille y creuse une cavité
proportionnée à la grandeur de l'étui. C'est aussi
sous terre, qu'il faut aller chercher le Nid d'une
autre Abeille solitaire, dont l'industrie ne le céde

(*) Part. XI. Chap. 5.

guères à celle de la *Coupeuse* de Feuilles, & qui travaille à peu-près sur le même modèle. Son Nid est de même composé de plusieurs cellules, en forme de dez, enchaffées habilement les unes dans les autres ; mais qui ne font point recouvertes d'une enveloppe commune. Chaque cellule est faite de deux ou trois Membranes, apliquées les unes sur les autres, & dont la fineffe est inexprimable. Examinées au Microscope, elles ne préfentent rien qui puiffe faire foupçonner, qu'elles ont été prifes fur des Plantes. On les diroit purement foyeufes, & de la plus belle foye blanche. Mais, aucune Abeille ne file : quelle est donc la matière de ces Membranes fi fines, fi luftrées, fi blanches ? En obfervant attentivement la cavité où le Nid est renfermé, on la trouve enduite d'une légère couche de matière luftrée, précifement femblable à celle des cellules, & qu'on pourroit comparer à cette humeur vifqueufe, que les Limaçons répandent fur leur route. Notre Abeille a fans doute une ample provifion de cette forte de Glu, qu'elle met en oeuvre avec tant d'art : mais, comme elle travaille fous terre, & dans une profonde obfcurité, l'on n'eft point encore parvenu à la furprendre à l'ouvrage. Malgré l'extrême fineffe de leurs Membranes, les cellules ne laiffent pas d'avoir affez de confiftance, & l'on peut les manier fans alterer leur forme. La *Pâtée* qu'elles renferment, foutient leurs parois, & les empêche de céder. Cette *Pâtée* est une espèce de Cire, médiocrement détrempée, & qui quelquefois ne l'eft point du tout. Un Oeuf eft dépofé au fond de chaque cellule. Après être éclos, le Ver fe trouve au milieu d'une abondante provifion de nourriture. Il la confume avec une forte d'Intelligence, & paroît fe conduire comme s'il

vouloit conferver aux parois de fa loge un appui
néceffaire : il ne creufe pas la Pâtée en tout fens,
il la creufe perpendiculairement de bas en haut : il
s'y pratique ainfi un petit Tuyau, qui en occupe
l'axe ou le centre.   A mefure qu'il croît, il agran-
dit ce Tuyau; il l'étend en longueur & en largeur.
Il arrive enfin aux parois; alors il a confumé toute
la *Pātée*, & n'a plus à croître.

CHAPITRE XXXV.

L'Abeille Tapiſſière.

DIVERSES Abeilles folitaires fe bornent à percer la terre ; elles y creufent des cavités cylin-
driques, dont elles poliffent les parois.   Elles y pondent un Oeuf, & y amaffent une quantité fuffifante
de nourriture.

. Il eft une autre Efpèce de ces Mouches qui percent la terre , dont l'Indûftrie eft beaucoup plus
remarquable.   Elle ne fe contente pas, comme les
autres, d'une cavité toute nuë. Quand on vifite
l'intérieur du logement, immédiatement après qu'il
a été conftruit, on eft agréablement furpris de le
voir tendu en entier d'une tapifferie du plus beau
fatin cramoifi, apliquée fur les parois comme nos
tapifferies le font fur les murs de nos appartemens, & avec plus de propreté encore.   Non-feulement l'Abeille tapiffe ainfi tout l'intérieur de fon
logement; mais elle étend encore de femblables tapis autour de l'entrée, à deux ou trois lignes de
diftance.   Nous avons obfervé quantité de Chenilles qui tapiffent de foye l'intérieur de leur Coque

ou

ou de leur Fourreau : (*) notre Abeille est le seul Insecte connu, qui à proprement parler, tapisse son Nid, comme nous tapissons nos Chambres. C'est donc à bon droit que cette Mouche industrieuse a reçu le nom de *Tapissière*.

Vous êtes impatient de sçavoir où elle se pourvoit de la riche tapisserie. Voyez ces Fleurs de *Coquelicot* nouvellement épanouïes : remarquez qu'elles ont été échancrées çà & là. Comparez - les avec la tapisserie dont vous cherchez à connoître le tissu ; vous ne pouvez vous y méprendre : cette tapisserie n'est autre chose que des fragmens de Fleurs de Coquelicot, & voilà l'origine secrette de ces échancrûres que vous remarquez sur les Coquelicots qui avoisinent le Nid. Votre curiosité n'est point satisfaite ; vous voulez que nous suivions un peu le travail de notre adroite Tapissière.

Le trou, qu'elle creuse perpendiculairement dans la terre, est d'environ trois pouces de profondeur. Il est exactement cylindrique, jusques à sept à huit lignes du fond. Là, il commence à s'évaser, & s'évase de plus en plus. Lorsque l'Abeille a achevé de lui donner les proportions convenables, elle songe à le tapisser.

Dans cette vuë, elle va couper avec beaucoup d'adresse sur les Fleurs du Coquelicot, des morceaux de *Pétales*, (†) de figure ovale, qu'elle saisit avec ses Jambes, & transporte dans son trou. Ces pe-

(*) Chap. 4. & suivans de cette Partie.
(†) C'est le nom que les Botanistes donnent aux Feuil-les des Fleurs.

tites pièces de tapiſſerie y arrivent fort chifon-
nées ; mais la *Tapiſſière* ſçait les étendre, les déployer, & les apliquer ſur les parois avec un art
étonnant.

Elle aplique au moins deux couches de Pétales.
Elle tend donc deux tapiſſeries l'une ſur l'autre.
Si elle va s'en pourvoir ſur les Fleurs du Coquelicot, plutôt que ſur celles de quantité d'autres Plantes, c'eſt que les Fleurs du Coquelicot réuniſſent à
un plus haut dégré toutes les qualités qu'exige l'uſ-
ſage auquel la Mouche les deſtine.

Quand les pièces que l'Abeille a coupées & trans-
portées ſe trouvent trop grandes pour la place qu'elles doivent occuper, elle en retranche tout le ſuperflu, & transporte les *retailles* hors du logement.

Après que la tapiſſerie a été tenduë, l'Abeille
remplit le Nid de *Pâtée*, jusques à ſept à huit lignes de hauteur. C'eſt tout ce qu'il en faut pour la
nourriture du Ver. La tapiſſerie eſt deſtinée à
prévenir le mélange des grains de terre avec la
Pâtée.

Vous vous attendez ſans doute, que la prudente
Mouche ne manquera pas de fermer exactement
l'ouverture du Nid, pour en interdire l'entrée à divers Inſectes friands de Pâtée : elle n'y manque
point en effet ; & il vous eſt actuellement impoſſi-
ble de reconnoître ſur la ſurface du terrein le lieu
où eſt le Nid, dont vous venez de contempler la
conſtruction, tant l'Abeille a ſçu adroitement le
boucher. Cette petite Pierre blanche étoit au bord
du trou ou fort près ; elle n'a pas changé de place ;

elle nous indique donc l'endroit au deſſous duquel eſt le Nid que nous cherchons. Il ſemble donc que nous n'ayions qu'à enlever une légère couche de terre, pour mettre à découvert l'entrée de ce trou, qui a été ſi bien rebouché. Rien de plus facile & de moins douteux. Quelle eſt votre ſur-priſe! vous avez déja enlevé plus de deux pouces de terre, & vous ne trouvez pas le moindre veſtige de trou ni de tapiſſerie. Que veut dire ceci? Qu'eſt devenu ce Nid ſi artiſtement conſtruit, ſi proprement tapiſſé, & qui avoit plus de trois pou-ces de profondeur? Il n'y a que quelques heures, que vous en admiriez l'ingénieuſe ordonnance, & maintenant tout a diſparu au point, que vous n'en découvrez pas la plus légère trace. Quel eſt donc ce myſtère? le voici.

Lors que l'Abeille a pondu, & qu'elle a fini d'a-maſſer la Pâtée, elle détend la tapiſſerie, elle la replie ſur la Pâtée, elle l'en enveloppe, à peu près comme nous replions ſur lui-même un cornet de papier à moitié plein. L'Oeuf & la Pâtée ſe trou-vent ainſi renfermés dans un petit ſac de Fleurs. La Mouche n'a plus qu'à garnir de terre tout l'eſ-pace vuide qui eſt au deſſus du ſac, & c'eſt ce qu'elle exécute avec une activité merveilleuſe, & ſi exactement, qu'on ne reconnoît plus la place du Nid.

C H A P I T R E X X X V I.

La Guêpe Maçonne.

IL ne faut pas confondre cette Mouche avec l'Abeille *Maçonne* dont j'ai parlé. (*) Le travail de ces deux Mouches diffère autant que leur forme. La Guêpe que je veux vous faire connoître, a reçu le surnom *d'Ichneumon*, de sa ressemblance avec les Mouches *Ichneumons*, qui vont déposer leurs Oeufs dans le Corps des Insectes vivans. (†) Elle vit solitaire, & quoique ses Procédés n'ayent rien de commun avec ceux des Guêpes *Républicaines*, (‡) ils ne leur cèdent guères en industrie. L'on ne sera pas fâché que j'entre ici dans quelque détail.

Notre Guêpe *Ichneumon* creuse dans un sable dur un trou d'environ deux pouces de profondeur. Son travail ne se borne point à excaver ce trou, à lui donner une forme cylindrique, à en polir les parois, à transporter au dehors le sable qu'elle en tire: elle forme de ce sable un tuyau, qui a pour base l'ouverture du trou, & qui s'élève au dessus à une hauteur à peu près égale à la profondeur de ce dernier. Ce tuyau paroît être un ouvrage important, & qui doit durer. Il est fait avec art, en manière de filagrammes ou de guillochis.

(*) Part. XI. Chap. 5.
(†) Voyez la Notte du Chap. 5. de la Part. XI.
(‡) Part. XI. Chap. 23.

La Guêpe travaille dans un sable fort dur, &
que l'Ongle auroit peine à entamer. Quoi qu'elle
soit pourvuë de très-bonnes Dents, ce n'est point
de ses Dents qu'elle se sert pour percer le sable,
& en détacher les grains comme de force : elle a
un moyen très-facile & très-simple d'en venir à
bout. Elle sçait le ramollir, le reduire en une pâ-
te molle, & qui se laisse manier comme elle veut.
Elle y répand une liqueur pénétrante, dont elle a
provision.

Elle paitrit avec ses Dents & ses premières Jambes les molécules qu'elle a ramollies & détachées.
Elle en compose une petite pelote, un peu allongée. Elle pose cette première pelote sur le bord
du trou qu'elle a commencé à creuser, & elle jette ainsi les premiers fondemens du tuyau qu'elle se
propose d'élever. Il sera tout composé de pareilles
pelotes, arrangées circulairement les unes à coté des
autres, & les unes sur les autres. En mettant en
place de nouvelles pelotes, la Guêpe les étend un
peu avec ses Dents & ses Jambes.

Elle interrompt fréquemment son travail ; sans
doute parce que la liqueur détrempante s'épuise
assez promptement. Elle quitte son attelier, s'en-
vole & revient quelques mòmens après se remettre
à l'ouvrage. Elle a été se pourvoir de nouvelle
liqueur.

L'ouvrage va très-vîte, & beaucoup plus vîte
qu'on ne l'imagineroit. En peu d'heures, elle a
creusé un trou de deux à trois pouces de profondeur, & bâti au dessus un tuyau qui a autant d'é-
lévation ou à peu près.

Q 3

Elle conftruit fucceffivement plufieurs de ces Nids, qui ont tous la même forme effentielle, & la même fin.

Après s'être élevé perpendiculairement au deffus du trou, le tuyau fe courbe un peu, & fe courbe enfuite de plus en plus, en confervant toûjours fa forme cylindrique.

La Mouche ne proportionne pas conftamment l'élévation du tuyau à la profondeur du trou : fouvent il eft moins élevé, que celui-ci n'eft profond. Ce n'eft pas manque de pelotes : on la voit continuer d'en paitrir ; mais, au lieu de les mettre en place, elle les jette hors du tuyau.

Vous devinez aifément, que le trou que la Guêpe *Maçonne* creufe perpendiculairement dans un maffif de fable, eft un Nid deftiné à recevoir un Oeuf. Mais, vous ne devinez point l'ufage du petit édifice en filagrammes bâti au deffus, & qui fuppofe bien plus de travail & d'induftrie, que la fimple opération d'excaver.

La fuite des manoeuvres de notre laborieufe Ouvrière vous apprendra, que ce tuyau fi artiftement façonné, n'eft qu'une efpèce d'échafaudage, qui ne doit pas fubfifter. Les pelotes qui le compofent, font pour la Mouche ce qu'un affemblage de matériaux ou de moëllons eft pour un Maçon. Notre Maçonne les a arrangées ainfi afin de les avoir plus à fa portée. Elle s'en fert pour reboucher ou combler le trou, après qu'elle y a dépofé un Oeuf. Elle démolit donc le petit édifice, & bientôt il n'en refte plus de veftiges.

Cette espèce de petite tour a encore un autre usage bien important ; elle prévient les entreprises des *Ichneumons*. On sçait, que ces Mouches rôdent sans cesse autour des Nids des Insectes, pour y déposer leurs Oeufs : la petite tour leur rend plus difficile l'accès du Nid de la Maçonne ; elles n'osent s'engager dans un défilé si long & si obscur.

Un Ver doit éclorre de l'Oeuf que la Guêpe Maçonne a pondu au fond de son trou. La niche est bien murée : le Ver ne pourroit ni recevoir ni aller chercher sa nourriture. La Mouche l'a aprovisionné. Il repose au fond du trou. La Mouche a sçu réserver un espace de sept à huit lignes, qu'elle n'a point muré, & qu'elle a rempli de provisions de bouche. Quelqu'un qui ignoreroit l'Histoire des Insectes n'imagineroit pas de quelle nature sont ces provisions, & le Naturaliste qui le sçait, ne l'admire pas moins. Si l'on ouvre le Nid avec précaution, on remarquera que la partie qui n'est point murée, a été remplie de petits Vers vivans, de couleur verte & sans Jambes, arrangés adroitement les uns sur les autres, & contournés en manière de cerceaux. Ces Vers remplissent toute la capacité de la petite caverne. L'on en compte ordinairement dix à douze dans chaque Nid. C'est précisément la quantité de provision nécessaire à l'accroissement du Petit de la Guêpe. Dès qu'il est éclos, il attaque le Ver le plus proche de lui ; il lui perce le Ventre, & le succe/tout à son aise. Il vient ensuite à celui qui étoit posé immédiatement au dessus, & quand il a achevé de consumer ainsi toute la provision, il n'a plus à croître, il est sur le point de se transformer. Le plus habile Pourvoyeur de Vivres ne s'y prendroit pas mieux que le fait notre Mère Guêpe: elle a été inftruite par CELUI qui pourvoit aux befoins de toutes fes Créatures. La Guêpe connoît les Vers qui ont été apropriés à la fubfiftance de fa Famille. Elle va à la chaffe de ces Vers; elle les faifit délicatement, & les transporte dans fon Nid fans les bleffer. Tous ceux qu'elle y renferme font de la même Espèce, & tous font dans l'âge où ils n'ont plus à croître. Si elle les renfermoit plus jeunes, ils périroient de faim dans la caverne, fe corromproient enfuite, & feroient périr à fon tour le Petit. Elle ne choifit donc parmi les Vers d'une même Espèce, que ceux qui font parvenus à l'âge où ils peuvent foutenir un affez long jeûne. Tous ne font pas néanmoins de la même grandeur. Quand la Guêpe aprovifionne fon Petit avec les plus grands Vers, elle lui en donne moins; elle lui en donne davantage s'ils font de plus petite taille. L'on diroit qu'elle entend à compenfer la grandeur par le nombre & réciproquement.

CHAPITRE XXXVII.

Le Fourmilion.

IL n'eft point d'Infecte plus célèbre par fon induftrie, que l'eft celui-ci. Son nom eft lié dans l'efprit à l'idée de Procédés très-ingénieux, dont on ne manque pas d'entretenir les Jeunes-gens auxquels on fouhaite d'infpirer quelque admiration pour les merveilles de la Nature. Je connois un Naturalifte, qui n'aïant pas encore dix-fept ans, commença par douter de ces Procédés, & n'eut aucun repos qu'il ne les eut vérifiés: il les vérifia, les admira, en découvrit de nouveaux, & devint bientôt le Disciple & l'Ami du PLINE de la France. (*) En crayonnant dans ses ouvrages les Découvertes de cet Homme Illustre, il a jetté quelques fleurs sur son Tombeau, foibles expressions de ses regrets, & d'un souvenir qui lui sera toûjours cher.

Tout le monde sçait, que le *Fourmilion* se creuse dans un sable sec, ou dans une terre fort pulvérisée, une Fosse en manière de *Trémie* ou d'Entonnoir, au fond de laquelle il se tient en embuscade. Comme il ne marche qu'à reculons, il ne peut poursuivre sa proye : il lui tend donc un piège, & c'est surtout sur la Fourmi, qu'il fonde ses espérances. Il eût été mieux nommé *Fourmi-renard*, si ce nom n'avoit parû trop long.

A l'ordinaire, il demeure caché sous le sable : soit qu'il repose au fond de son Entonnoir, ou qu'il change de place, il ne montre jamais que le bout de sa Tête. Elle est quarrée, plate, & armée de

(*) Mr. de REAUMUR, mort en 1757. & avec lequel l'Auteur avoit été en commerce de Lettres pendant plus de dix-neuf ans. Il communiquoit dans le plus grand détail à cet excellent Naturaliste tout ce qu'il découvroit; mais ses Lettres qui formeroient un gros Volume d'Observations ont été détournées du Cabinet de cet Illustre Académicien après sa mort. Si les tentatives réitérées que l'Auteur a faites pour tâcher de les recouvrer avoient été plus heureuses, il les auroit revuës, & auroit fait ensorte de les rendre dignes de l'attention du Public. Quelques Naturalistes célèbres l'ont déja prévenu sur plusieurs de ces Observations, qu'ils ont publiées, sans avoir eu aucune connoissance de ce que l'Auteur avoit découvert avant eux. Il n'en a point de regret, puis que le Public ne pouvoit être mieux servi qu'il l'a été par ces habiles Naturalistes. Les premières Observations de l'Auteur étoient de l'année 1737.

Q 5

deux petites Cornes mobiles, en forme de Crochets ou de Pinces très-fines, dont la singulière structure étonne l'Observateur, & lui montre à quel point la Nature est admirable jusques dans ses moindres Productions. L'Anatomie du Fourmilion n'est point notre objet actuel : vous êtes moins curieux de sçavoir comment il est fait, que ce qu'il fait. Vous sçavez en général, que sa forme tient un peu de celle du Cloporte, & que son Corps porté sur six Jambes, & terminé en pointe, est composé d'une suite d'anneaux purement membraneux. C'est tout ce qu'il vous importe de connoître de sa structure ; un plus grand détail seroit superflu.

Pour creuser son Entonnoir, le Fourmilion commence par tracer dans le sable un sillon circulaire, dont l'enceinte déterminera l'ouverture de l'Entonnoir. Il y a toûjours un certain raport entre cette ouverture & la profondeur de l'Entonnoir : celle-ci est ordinairement de neuf lignes, quand celle-là est de douze. En général, la grandeur des Entonnoirs varie beaucoup : les plus grands ont environ deux à trois pouces d'ouverture ; les plus petits, deux à trois lignes. Ce n'est pas une règle, que les plus grands Fourmilions creusent les plus grandes Fosses : souvent un Fourmilion de grandeur médicore se trouve logé dans une très-grande Fosse ; & un très grand Fourmilion dans une Fosse de grandeur médiocre. Cela tient à des circonstances particulières, qu'il seroit inutile d'indiquer.

Après avoir déterminé l'ouverture de son Entonnoir, ou tracé le premier sillon circulaire, le Fourmilion en trace un second, concentrique au premier. Vous comprenez, que son travail doit aboutir à enlever tout le sable renfermé dans l'enceinte du premier sillon. Imaginez donc un cône de sa-

le, dont le diamètre soit égal à celui de l'enceinte, & dont la hauteur égale la profondeur que doit
avoir l'Entonnoir; c'est ce cône de sable qu'il
s'agit d'enlever.

C'est avec sa Tête, comme avec une Pêle, que
l'Insecte en vient à bout. Vous avez vû, qu'elle
est quarrée & platte; sa forme répond donc très-
bien à cette fonction. Il se sert d'une de ses premières Jambes pour la charger de sable, & quand
elle en est fort chargée, il le lance brusquement
hors de l'enceinte. Toute cette petite manoeuvre
s'exécute avec une promptitude & une adresse sur-
prenantes: un Jardinier n'opère pas si vîte ni si bien
avec sa Bêche & son Pied, que le Fourmilion avec
sa Tête & sa Jambe.

Je n'ai presque pas besoin de vous dire, que la
suite des manoeuvres de notre Insecte, ne sera que
la répétition de celle que je viens d'esquisser. Il
tracera de nouveaux sillons, toûjours concentriques
aux premiers. Le diamètre de l'enceinte diminuera
aussi graduellement, & le Fourmilion descendra de
plus en plus dans le sable.

Mais, je ne dois pas négliger de vous faire remarquer, qu'il ne charge jamais sa Tête que de
sable renfermé dans l'enceinte du sillon qu'il trace
actuellement. Il lui seroit pourtant tout aussi facile
de la charger du sable, qui est à l'extérieur de
l'enceinte, puis que la Jambe qui répond à ce coté
du sillon, est capable des mêmes fonctions que la
Jambe correspondante. Vous ne le voyez point s'y
méprendre; il paroît sçavoir, que pour parvenir à
creuser sa Trémie, il ne doit enlever que le sable
compris dans l'aire ou l'enceinte du sillon. Il n'y a

donc que la Jambe qui est du coté de l'aire, qui
soit en action; l'autre se repose: celle-ci travaillera
à son tour, quand celle-là sera fatiguée. L'on
voit alors le Fourmilion se retourner bout par bout,
ou traverser l'aire en ligne droite, & commencer
un nouveau sillon en sens contraire. Par ce changement de situation, la Jambe qui étoit d'abord
placée à l'extérieur de l'aire, se trouve placée vers
l'intérieur & prête à manoeuvrer.

Il arrive souvent qu'en creusant sa Trémie, le
Fourmilion rencontre de gros grains de sable ou des
petits grumeaux de terre sèche: il n'a garde de les
laisser dans la Trémie; ils serviroient d'échellons
aux petits Insectes qui tenteroient d'en sortir. Il
en charge sa Tête, & par un mouvement subit &
bien calculé, il les projette hors du trou.

Si au lieu de ces Corps assez légers, il rencontre de petites pierres, trop pesantes pour être lan-
cées avec sa Tête, il sçait s'en débarasser par un
moyen nouveau & fort singulier. Il sort de terre,
& se montre tour entier à découvert. Il va ainsi
à reculons, jusques à ce que le bout de son Derrière ait atteint la pierre. Il semble alors la tâter;
il essaye de la pousser & de la soulever: il redouble ses efforrs, parvient à la charger sur son Dos,
maintient habilement l'équilibre par des mouvemens
promts & alternatifs de ses Anneaux, gagne avec
sa charge le pied de la rampe, la gravit, porte la
pierre à quelque distance du trou, revient dans le
trou, & achève de le creuser.

Cependant, malgré tout son sçavoir-faire en tours
d'équilibre, la pierre lui échappe quelquefois au
moment qu'il est sur le point d'arriver au haut de

la rampe. Il ne se rebute pas, il descend, va chercher la pierre, la charge de nouveau sur son Dos, regagne la rampe, remonte, se décharge, & retourne à son travail.

Sa patience est presque inépuisable : on l'a vû répéter six à sept fois de suite les mêmes manoeuvres, parce que la charge lui avoit échappé autant de fois. Il offroit aux yeux du Spectateur étonné & presque attendri, une image bien naturelle de l'infortuné Sysiphe.

Enfin, le Fourmilion joüit du fruit de ses travaux : il a tendu son piège, & le voilà à l'affut. Caché & immobile au fond de sa Fosse, il attend en Chasseur rusé & patient la proye qu'il ne sçauroit poursuivre. Si quelque Fourmi vient à roder autour du précipice, il est rare qu'elle n'y tombe point. Les bords en sont escarpés, & s'éboulent facilement. Ils entraînent avec eux l'imprudente Fourmi ; le Fourmilion la saisit prestement avec ses Cornes, la secoüe pour l'étourdir, la tire sous le sable, & la succe à son aise. Il rejette ensuite le Cadavre, qui n'est plus qu'une Peau sèche & vuide, répare le désordre survenu à la Fosse, & se remet en embuscade.

Il n'a pas toûjours le bonheur de saisir sa proye au moment qu'elle tombe dans le piège. Souvent elle échappe à ses Pinces meurtrières, & fait effort pour gagner le haut de l'Entonnoir. Alors, le Fourmilion fait joüer sa Tête ; il lance sur la proye des jets de sable redoublés, qui la précipitent de nouveau au fond de la Fosse.

J'ai parlé (*) d'une Araignée, qui est si attaché à ses Oeufs, qu'elle les porte partout avec elle. Elle les renferme dans un petit sac de soye, qu'elle lie à son Derrière. On le prendroit pour le Ventre de l'Araignée. Elle est très-farouche, très-agile, court avec rapidité, & ne se déssaisit jamais de ses Oeufs. Une Araignée de cette Espèce aïant été jettée dans la Fosse d'un Fourmilion, celui-ci saisit d'abord le sac aux Oeufs, & se mit en devoir de l'entraîner sous le sable. L'Araignée s'y laissoit entraîner avec lui; mais la soye, qui le tenoit collé à son Derrière, rompit, & elle s'en vit séparée. Elle se retourna sur le champ, saisit le sac avec ses Pinces, & fit les plus grands efforts pour l'arracher au Fourmilion. Ce fut en vain; il entraîna le sac toûjours plus avant sous le sable, & l'Araignée, plutôt que de lâcher prise, se laissa enterrer toute vivante. On la déterra bientôt; elle étoit pleine de vie; le Fourmilion ne l'avoit point attaquée: cependant, quoi qu'on la touchât à plusieurs reprises avec un brin de bois, elle ne fuyoit point: cette Araignée si agile, si sauvage, si farouche sembloit ne vouloir point abandonner le lieu où elle avoit perdu ce qu'elle avoit de plus cher.

Parvenu à son parfait accroissement, le Fourmilion quitte le métier de Chasseur, qui lui est devenu inutile; il ne tend plus de piège, & après s'être promené quelque tems près de la surface de la terre, il s'y enfonce, & s'y construit une petite Coque de forme sphérique, qu'il révêt intérieurement d'une tapisserie de satin, du plus beau gris de perle, où il se transforme dans une de ces Mouches qu'on a nommées *Demoiselles*.

(*) Part. XI. Chap. 5.

On a découvert une nouvelle Espèce de Fourmi-lion, qui eſt rare dans nos Contrées, & un peu plus grande que l'Eſpèce commune. Elle eſt ſurtout re-marquable par ſes allûres ; elle marche en avant avec aſſez d'agilité, & c'eſt apparemment la raiſon pour laquelle il ne paroît pas lui avoir été donné de ſe faire un Entonnoir. Elle ſe contente de ſe cacher à la ſurface de la terre, & de ſaiſir les In-ſectes au paſſage. Probablement elle ſçait avancer ſur eux quand il le faut.

Ces Procédés ingénieux qui ont rendu célèbre le Fourmilion, ne lui ſont point particuliers. On connoit aujourd'hui un Inſecte très-différent, qui habite comme lui une terre pulvériſée & mobile, qui s'y creuſe une Foſſe en entonnoir, & qui lance des jets de ſable ſur la proye qui tente d'en ſortir. Cet Inſecte eſt un Ver blanchâtre, mol & ſans Jam-bes, qui a reçu le nom de *Ver-lion*, par analogie à celui dont il imite les Procédés. Son Entonnoir eſt plus profond proportionnellement à l'ouverture, que ne l'eſt celui du Fourmilion. Pour creuſer cette Foſſe profonde le Ver-lion s'y prend d'une manière fort ſimple. Il ne commence point, com-me le Fourmilion, par tracer un ſillon circulaire, qui en détermine l'ouverture : il n'eſt pas ſi Géo-mètre : il ſe contente de jetter le ſable oblique-ment de tous cotés. A meſure qu'il excave ainſi, il s'enfonce davantage, & il continuë d'excaver & de projetter de la ſorte, juſques à ce qu'il ait don-né à ſa Foſſe la profondeur qu'il lui veut.

CHAPITRE XXXVIII.

Le Crapaud.

JE ne fais pas difficulté de produire ici cet Animal hideux. Sa conftance dans fes amours, fa patience infatigable, fa dextérité merveilleufe lui mériteront bientôt les éloges de mes Lecteurs. Il appartient à la Claffe des *Ovipares*. Ses Oeufs très-nombreux, & révêtus d'une Membrane qui a de la confiftence, font liés les uns aux autres par une efpèce de Cordon. Figurez-vous un long Chapelet, dont les grains font à peu près égaux. Il faut que la Femelle fe décharge d'un pareil Chapelet, roulé dans fon Ventre. C'eft pour elle un grand travail que de mettre dehors le premier Oeuf; mais, quand une fois elle y eft parvenuë, tout le refte lui coute peu, parce que le Mâle lui prête fon fecóurs. L'Accoucheur le plus expérimenté ne s'acquitte pas mieux de fes fonctions, que ce Mâle officieux & empreffé s'acquitte des fiennes. Cramponé depuis un tems plus ou moins long fur le Dos de fa Femelle, il la tient étroittement embraffée avec fes Pattes de devant, tandis qu'avec une de fes Pattes de derrière il faifit le premier Oeuf & le bout du Cordon. Il fait paffer ce Cordon entre fes Doigts, allonge la Patte, & extrait le fecond Oeuf. Saififfant alors de l'autre Patte une portion plus élevée du Cordon, il amène le troifième Oeuf, qui eft fuivi de près par le quatrième. C'eft en réitérant cette adroite

maœuvre qu'il réuſſit à extraire enfin tout le Chat

CHAPITRE XXXIX.

Les Ruſes du Lièvre & celles du Cerf.

Si le Lièvre ne poſſéde pas, comme le Lapin, de ſe creuſer un Terrier, (*) il ne manque néanmoins de ſagacité pour ſe conſerver & échapà ſes Ennemis. Il ſçait ſe choiſir un Gîte, & cacher entre des mottes de terre, qui imitent la couleur de ſon Poil. En Hyver, il ſe loge au mi-& en Eté au Nord. Lancé par les Chiens, il quelque tems un ſentier, revient ſur ſes pas, s'élance de coté, ſe jette dans un Buiſſon, & s'y tapit. Les Chiens ſuivent le ſentier, paſſent devant le Lièvre, & le manquent. L'Animal ruſé qui les paſſer & s'éloigner, ſort de ſa retraite, rentre le ſentier, confond ſes traces, & met la Meuen défaut. Sans ceſſe il varie ſes ruſes, & ſe conduit toûjours rélativement aux circonſtances. Tôt à l'ouïe des Chiens, il part du gîte, s'éloigne d'un quart de lieuë, ſe jette dans un Etang, ſe cache entre des Joncs. Tantôt il ſe mêle à un Troupeau de Brebis, qu'il n'abandonne point. Tantôt il ſe cache ſous terre. Tantôt il s'élance ſur une vieille muraille, ſe tapit entre des Lières, laiſſe paſſer les Chiens. D'autrefois il file le long des cotés d'une haye, tandis que les Chiens de l'autre. Quelquefois il paſſe & repaſſe à pluſieurs repriſes une Rivière à la nage. D'autre-

(*) Chap. 25. de cette Partie.

TOME II.   R

fois enfin il oblige un autre Lièvre à quitter le Gîte, pour se mettre à sa place. &c.

Le Cerf, qui par l'élégance & la légèreté de sa taille, par ce *Bois* vivant dont sa Tête est parée plutôt qu'armée, par sa grandeur, par sa force, par son air noble, est un des grands ornemens des Forets, ruse plus sçavamment encore que le Lièvre, & exerce bien plus la sagacité du Chasseur.

Poursuivi par les Chiens, il passe & repasse plusieurs fois sur sa voye; il leur donne le change en se faisant accompagner d'autres Bêtes, perce & s'éloigne aussitôt, se jette à l'écart, se dérobe, & se couche sur le Ventre. La Terre le trahissant toûjours, il se met à l'eau. La Biche qui nourrit, se présente aux Chiens, pour leur dérober son Faon. Elle se laisse courir, & revient à lui.

CHAPITRE XL.

Le Renard.

Le Renard, fameux par ses ruses, & qui jouë un si grand rôle dans ces Fables ingénieuses où la Morale vit & respire, le Renard, dis-je, se conduit avec autant de prudence que d'esprit; non moins circonspect qu'adroit, non moins vigilant que rusé, il pèse ses moindres démarches, étudie les circonstances, épie sans cesse, n'agit qu'à propos, & a toûjours quelque moyen en reserve pour subvenir aux occurences. Son génie fécond en ressources multiplie presqu'à l'infini ses tours, ses ruses & ses stratagèmes.

Quoique très-vîte à la course, il ne se fie point à sa légèreté naturelle: il juge qu'elle ne suffiroit ns toûjours à sa conservation. Il se ménage de bonne heure un azile sous-terrain, où il se réfugie u besoin, où il se loge & élève sa Famille.

Il établit son domicile au bord des Bois, & dans voisinage des Métairies. Il prête de loin une reille attentive au chant des Volailles, dirige sa marche en conséquence, la couvre habilement, arrive par divers détours, se tapit, se traine sur le Ventre, se met en embuscade, & manque rarement son coup.

S'il est assez heureux pour pénétrer dans l'Enclos, il met à profit tous les momens, & égorge toutes les Volailles. Il fait retraite sur le champ, emporte une Proye, la recèle, revient en chercher une autre, la cache comme la première, & ne renonce à butiner, que lors qu'il s'aperçoit qu'il a été découvert.

Il entend à merveille à chasser les jeunes Levreaux, à surprendre les Lièvres au Gîte, à découvrir les Nids des Perdrix, des Cailles, &c. & à saisir la Mère sur ses Oeufs.

Hardi autant que fin, il ose attaquer les Abeilles : il en veut à leur Miel, dont il est friand. Il est bientôt assailli par ces Mouches guerrières, & en peu de momens il en est couvert. Il se retire à quelques pas de distance, se roule sur la terre, les écrase, retourne à la charge, & force enfin le pêt Peuple laborieux à lui abandonner le fruit de ses longs travaux.

Je n'ajoute plus qu'un trait : si le Renard reconnoit qu'on ait inquiété ses Petits en son absence, il les transporte tous les uns après les autres dans une autre retraite.

CONCLUSION.

Je borne ici ma course : j'ai présenté assez de Faits & de Faits intéressans, pour que mes Lecteurs puissent juger des plaisirs attachés à la contemplation de la Nature. Mais, cette contemplation seroit bien stérile, si elle ne nous conduisoit point à l'Auteur de la Nature. C'est cet Etre Adorable qu'il faut chercher sans cesse dans cette Chaîne immense de Productions diverses, où sa Puissance & sa Sagesse se peignent avec tant de vérité & d'éclat. Il ne se révèle pas à nous immédiatement; le Plan qu'Il a choisi ne le comportoit pas; mais, Il a chargé les Cieux & la Terre de nous annoncer ce qu'Il est. Il a proportionné nos Facultés à ce Langage divin, & Il a suscité des Génies sublimes qui en aprofondissent les beautés, & en deviennent les Interprètes. Relegués pour un tems dans une petite Planète assez obscure, nous n'avons que la portion de Lumière, qui convenoit à notre état présent: recueillons précieusement tous les traits de cette Lumière; n'en laissons perdre aucun : marchons à sa clarté. Un jour nous puiserons dans la Source Eternelle de toute Lumière, & au lieu de contempler l'Ouvrier dans l'ouvrage, nous contemplerons, l'ouvrage dans l'Ouvrier *Présentement nous voyons les choses confusément, & comme par un Verre obscur; mais alors nous verrons face à face.*

F I N.

Achevé d'imprimer le 9. Octobre 1764.